DETAIL research
Building the Future

T0338872

# Positionen zur Zukunft des Bauens

## Methoden, Ziele, Ausblicke

Der Aufstieg
einer neuen
Zeit geschieht
nur dann,
wenn er durch
die stille
Arbeit der
vergangenen
Zeit vorbereitet
worden ist.

Le Corbusier

# Einführung

Sandra Hofmeister

Architektur ist eine Zukunftsdisziplin. Sie stellt die Weichen für Städte, Gebäude und Räume, die der Welt von morgen ihr Gesicht geben und sie prägen, im negativen wie im positiven Sinn. Im Hier und Jetzt der Gegenwart werden die Grundlagen für gebaute und zukünftige Lebensräume gelegt. Die Herausforderungen für Architekten und Bauherren, für Forschung und Bauindustrie bestehen darin, vorausschauend auf Entwicklungen und Bedürfnisse zu reagieren, Strategien für den Umgang mit ihnen zu entwickeln und intelligente Möglichkeiten und Methoden zu finden, die auf gesellschaftliche, ökologische und ökonomische Tendenzen und Notwendigkeiten eingehen.

Da Architektur eine Zukunftsdisziplin ist, bleibt ihre Motivation im Kern idealistisch. Sie verhandelt eine wie auch immer geartete Verbesserung des Gegenwartszustands und bemüht sich um einen Fortschritt, der je nach Epoche und Region, Wissensstand und Auftraggeber unterschiedlich definiert wird und auf vorab festgelegten Aufgaben und Möglichkeiten beruht. Wie die Welt von morgen aussieht, welche Ziele und Lebenswelten ihre Räume, Stadt- und Raumgefüge oder Bauwerke ermöglichen, auf welche Ressourcen sie setzen und mit welchen Mitteln sie errichtet werden, ist Teil eines gesellschaftlichen Diskurses und Entscheidungsprozesses, der stets neue Prioritäten setzt, neu ausgerichtet und allenthalben in seinen Absichten und Methoden revidiert und angepasst werden muss. Die Zukunft der Architektur ist keine statische Kategorie, sondern eine zu verhandelnde Variable und damit ein Prozess, der bereits in der Gegenwart anfängt.

Doch auf welche konkreten Zukunftspositionen haben wir uns heute festgelegt, welche Vorsätze definieren wir und mit welchen Methoden und Ressourcen werden wir sie in die Praxis umsetzen? Wo genau liegen die gesellschaftlichen Bedürfnisse und Herausforderungen, denen sich alle Beteiligte stellen müssen, sei es beim Bau, bei der Planung, im Entwurf oder in der Bauwirtschaft? Welche Technologien, Materialien und Möglichkeiten kommen infrage? Mit welchen wissenschaftlichen Methoden lassen sich zukünftige Entwicklungen prognostizieren, Trends erfassen, und wie reagieren wir auf sie?

All diese Fragen wurden im Januar 2011 auf dem sechstägigen Symposium »Zukunftsforschung in der Architektur« mit Experten diskutiert. Die Vorträge, Gespräche und Debatten, zu denen DETAIL während der Messe BAU eingeladen hatte, haben die Kategorie der Zukunft aus unterschiedlichen Perspektiven konkretisiert – nicht als Utopie oder vage Vision, sondern vor dem Hintergrund exakter Erkenntnisse sowie Erfahrungen und Forschungsergebnisse. In ihren Vorträgen und Diskussionsbeiträgen haben Architekten und Fachplaner, Produktdesigner und Forscher verschiedener Institutionen und Unternehmen ihre Blickwinkel auf die Zukunft des Bauens vorgestellt. So ergab sich ein vielschichtiges Bild für die Architektur von morgen, das einzelne Aspekte beleuchtete, Diskussionen ermöglichte und Erfahrungen sowie Notwendigkeiten und Lösungsansätze ans Licht brachte. Das Symposium war der Grundstein und die Initialzündung für die interdisziplinäre Plattform »DETAIL research. Building the Future«, die sich zum Ziel setzt, zukunftsrelevante Themen und Berichte aus der Praxis und der Forschung zu bündeln. Der Austausch steht dabei ebenso im Fokus wie die Wissensvermittlung. Das hierfür eingerichtete Onlineforum schreibt diese Vernetzung im virtuellen Raum fort und versteht sich als eine Informationsplattform, die Einblicke in zukunftsrelevante Studien und Praxisansätze gibt und mit Wissensträgern und Entscheidern aus Forschung, Praxis und Industrie als Partnern kooperiert.

Die vorliegende Publikation ist ein weiterer Baustein, um den Diskurs zur Zukunft des Bauens zu erweitern und zu festigen. Sie trägt diverse Positionen mit dem Hintergrundgedanken zusammen, sie zu vernetzen, Parallelen sowie Ergänzungen aufzuzeigen, Ergebnisse zu präsentieren und weiterführende Fragen aufzuwerfen. Die Diskussionsbeiträge und Vorträge des Symposiums wurden zu diesem Zweck um Themenbereiche und Perspektiven erweitert, sodass sich ein vielschichtiges Panorama zur Zukunft des Bauens ergibt, das keineswegs den Anspruch auf Vollständigkeit erhebt, aber dennoch Denkanstöße und Aussichten zu einzelnen Bereichen vermitteln kann. Neben den Studien mehrerer Hochschulen und Forschungseinrichtungen kommen Praxiserfahrungen von Architekten und Fachplanern sowie generelle Überlegungen zu sozialen Perspektiven und zu den wissenschaftlichen Möglichkeiten von Trendprognosen zur Sprache. Außerdem sind verschiedene Ansätze

*Unter www.detailresearch.de werden News, innovative Beispiele und Forschungsergebnisse gesammelt und zu einem wachsenden, öffentlich zugänglichen Netzwerk samt Recherchearchiv zusammengestellt.*

unterschiedlichen Maßstabs aus der Industrie berücksichtigt, die als Motor der Innovation einen wichtigen Beitrag dazu leistet, zukünftige Lebensräume abzuzirkeln und zu konkretisieren.

Die einzelnen Beiträge setzen sich mit Mitteln und Zielen der Zukunft des Bauens und des Gestaltens von Lebenswelten auseinander. Sie greifen unterschiedliche Sichtweisen und Perspektiven auf, deren Themenkreise sich teilweise ergänzen und in ihrer vernetzten Struktur mit farbig hervorgehobenen Verweisen kenntlich gemacht sind. Die Aspekte der Programmierung von Planungs-, Bau- und Fertigungsprozessen sind dabei nur ein Stichwort, das vor dem Hintergrund einiger Forschungsergebnisse sowie Praxisberichte zur Sprache kommt und das Zusammenwirken von Programmierung und Material ebenso berücksichtigt wie die Möglichkeiten der automatisierten Fertigung und des Entwerfens in parametrischen Systemen. Am Beispiel ihres Zukunftspotenzials werden außerdem Tendenzen der Individualisierung aufgezeigt und diskutiert, sei es als Wettbewerbsfaktor oder als Freiheit zur subjektiven Perspektive des Entwerfens. Prioritäten bei der Planung, die in gesellschaftlicher, sozialer und wirtschaftlicher Hinsicht gesetzt werden, ergänzen die Diskussion um politische Zielsetzungen, die mit zukünftigen Bauaufgaben verknüpft sind und sich nicht nur zu Wachstums- und Schrumpfungsszenarien, sondern auch zum Umgang mit Energie und zu lokalen Ressourcen äußern. Das wissenschaftliche Themenfeld der Trendforschung, die mit Szenariotechniken und Monitorings ein genaues Bild der Zukunft projiziert, ergänzt die Mikroperspektive einzelner Beiträge und Studien, die in diesem Buch vorgestellt werden, um eine Metadiskussion, die noch lange nicht abgeschlossen ist. Wenn die Zukunft des Bauens in der Gegenwart beginnt, so stellen sich die »Positionen zur Zukunft des Bauens« der Aufgabe, diese Gegenwart in Ausschnitten darzustellen und ihr Potenzial für die Zukunft zu untersuchen.

»Ein großes Zeitalter ist angebrochen. Ein neuer Geist ist in der Welt«, hielt Le Corbusier 1920 in der ersten Ausgabe der Zeitschrift »L'Esprit Nouveau« fest. Gut 90 Jahre später bleibt diese kategorische Einschätzung in Bezug auf die Architektur und das Bauen weiterhin in vielen Aspekten relevant, wenn auch unter anderen Voraussetzungen und mit neuen Parametern. Im Zeitalter der digitalen Programmierung, der Globalisierung und des demografischen Wandels haben sich die Aufgaben, die Methoden und zuweilen auch die Ziele des Bauens und Planens verschoben. Zahlreiche Prozesse und Abläufe in der Planung, der Fertigung und am Bau gehen ineinander über und schaffen Voraussetzungen und Grundlagen für eine Zukunft, deren Möglichkeiten und Notwendigkeiten sich heute in vielerlei Hinsicht klar abzeichnen.

**»Prozedurale Landschaften«**  **6|1** abgegossenes prototypisches Betonmodul im architektonischen Maßstab
**7|1** Detailaufnahme einer Sandlandschaft   **7|2** geometrisch kontrollierte Präzision einer digital fabrizierten Sandlandschaft

# Die Operationalität von Daten und Material im digitalen Zeitalter

Text  Matthias Kohler, Fabio Gramazio, Jan Willmann

**1**

Der hier verwendete Zusammenschluss der Begriffe »digital« und »Materialität« lässt sich ursprünglich auf die Publikation von Fabio Gramazio und Matthias Kohler »Digital Materiality in Architecture« (Baden 2007) zurückführen. Mit der Verknüpfung bisher getrennt gebliebener Begriffe soll – über eine Aktualisierung bereits bekannter Rhetorik im Verharren auf alten Funktionen und Inhalten hinaus – eine spezifische Bedeutung für die Architektur im Zeitalter ihrer digitalen Fabrizierbarkeit erreicht werden. Folglich erhält die Digitale Materialität erst mit der Einbettung in ihre Antinomien ihre eigengesetzliche Charakteristik, sodass sich in Bezug auf die Architektur nicht nur erweiterte Interpretationsformen ableiten lassen, sondern auch systematische Differenzierungen, beispielsweise gegenüber einer Pauschalisierung auf rein digitale oder materialistische Aspekte.

**Aufreizend, verspielt und sinnlich erfüllt sich heute in der Architektur, woran das frühe digitale Zeitalter noch maßgeblich gescheitert war: die Synthese von Daten und Material. Mit »architectural computation«, »mass customization« und »digital fabrication« ist die Frage nach der Materialität im Informationszeitalter neu entbrannt.**
Die Rede ist von »Digitaler Materialität«.[1] Diese beschreibt eine veränderte Rolle materieller Prozesse in der Architektur und zeigt sich in unterschiedlichsten medialen, räumlichen oder strukturalen Erscheinungsformen. Dabei steht eines fest: Indem Digitale Materialität eine zunehmend prägende Wirkung in der Architektur entfaltet, lassen sich Daten und Material nun nicht mehr nur als Supplements, sondern als innerlich bedingter und somit wesentlicher Ausdruck der Architektur im digitalen Zeitalter interpretieren. Digitale Materialität ist nicht mehr nur eine rhetorische Figur im digitalen Diskurs, sondern stellt einen Wert an sich dar. In dem Moment, in dem durch das Wechselspiel zwischen digitalen und materiellen Prozessen beim Entwerfen und Bauen zwei scheinbar separate Welten aufeinandertreffen, entsteht Digitale Materialität. Ziel ist es, Material mit Informationen anzureichern, das Material gewissermaßen zu »informieren« und somit den Entstehungsprozess von architektonischer Struktur zu bestimmen. Diese Synthese ist nicht an

eine a priori gegebene Funktion gebunden, sondern entsteht prozessual durch die Verflechtung von Daten und Material, von Programmierung und Konstruktion.

Die Synthese von Daten und Material erscheint so in einem neuen Licht, als eine wechselseitige Strukturierung der Architektur und ihrer stofflichen Erscheinungsformen.[2] Vor diesem Hintergrund ist Digitale Materialität nicht nur als virtuelles Konstrukt zu betrachten, sondern als konkret zu entwerfende Abläufe und konstruktive Zusammenhänge. Sie ist somit nichts Zufälliges, Beigegebenes und auch kein Verschönerungsprozess, sondern entspricht einem Zusammenwirken von gesetzmäßigen Prozessen und materiellen Eigenschaften, die analytisch untersucht und in einem architektonischen Maßstab umgesetzt werden können. Darauf basiert die Forschung an der Professur Gramazio & Kohler, Architektur und Digitale Fabrikation an der ETH Zürich. Im Mittelpunkt steht die Fragestellung, inwieweit die Differenz von Daten und Material noch aufrecht zu halten ist. Die Digitale Materialität scheint die vielfach diskutierte Gegenüberstellung von Programmierung und Konstruktion, von Daten und Material aufzuheben, um stattdessen neue Möglichkeiten zu eröffnen, die heute mit der Erforschung der digitalen Materialität sichtbar werden und neue Formen einer zukünftigen baulichen Realität aufzeigen.

## Stoffwechselartige Potenziale und additive Strukturierungen

Mit der Einbettung konstruktiver Gesetzmäßigkeiten hat die Digitale Materialität nicht mehr nur hinzugefügte oder ausführende Funktion, sondern erhält durch das Zusammenwirken von Programmierung und Material ihren konstruktiven Status. Dabei lassen sich konzeptionelle Gemeinsamkeiten zwischen der Herstellung eines Bauteils und der Programmierung eines Computers ausmachen; dies insofern, als ähnlich einem Computerprogramm, das unterschiedliche Operationen in einer logischen Abfolge ausführt, sich auch konstruktive Prinzipien festlegen lassen, die die Herstellung von architektonischen Bauteilen als aufeinanderfolgende Fertigungsschritte definieren. Zentral ist dabei ein additives Prinzip, mit dem es möglich ist, den Aufbau komplexer architektonischer Strukturen aus einzelnen Elementen gezielt zu kontrollieren und zu manipulieren, sodass neuartige räumliche und funktionale Konfigurationen entstehen können. Damit verbunden ist nicht der Entwurf einer Form, sondern der Entwurf eines Herstellungsprozesses, der sowohl die konstruktive Organisation eines Bauteils als auch dessen Ausführung gleichermaßen und wesentlich informiert. Gleichwohl bleibt mit dem Setzen der wesentlichen Parameter und Abhängigkeiten der architektonische Gestaltungswille von Präzision und Klarheit geprägt, allerdings wird er von formalen Vorgaben entkoppelt und auf eine andere (kon-

2

In dieser Diskussion gilt es, mit aller Klarheit zu belegen, dass die Synthese von Daten und Material keine virtuelle Errungenschaft ist, sondern vielmehr eine »Stoffliche«, das heißt es werden reale Ergebnisse erzeugt. Bereits zu Beginn des 20. Jahrhunderts wurde das von Henri van de Velde konzeptionalisiert, der gerade Produktion und Material zum Gegenstand der zeitgenössischen Architektur erhebt und in den neuen Produktionsbedingungen der Industrialisierung eine zunehmende Vormachtstellung der Ingenieure sieht. Daraus schlussfolgert er, die sich ergebende Einschränkung der Architektur nur in einer Verbindung mit den konstruktiven und funktionalen Techniken lösen zu können, in der der Künstler nun als »Baumeister« in Erscheinung tritt und das »Stoffliche« zum Zweck von Form, Material und Konstruktion zunächst entmaterialisiert werden muss, um es zu einem späteren Zeitpunkt wieder neu zu beleben und somit die Architektur den neuen Umständen der Zeit anzupassen. Vgl.: van de Velde, Henri: Die Renaissance im modernen Kunstgewerbe. Berlin 1901

*Weitere Aspekte der Vernetzung von Planungs-, Bau- und Fertigungsprozessen vgl. Industrialisierung versus Individualisierung » S. 21, 25, Material, Information, Technologie » S. 31, Parametrische Entwurfssysteme » S. 43, Bauprozesse von morgen » S. 126*

**3**

Gramazio, Fabio; Kohler, Matthias: Die Digitale Materialität der Architektur. In: Arch+ 198–199/2010, S. 42f.

**4**

Semper, Gottfried: Der Stil in den technischen und tektonischen Künsten oder praktische Ästhetik, Band 1. München 1878

**5**

Das Projekt »Das Sequenzielle Tragwerk« wurde 2010 im Rahmen einer Lehrveranstaltung an der ETH Zürich entwickelt (Projektleiter: Michael Knauss, Studenten: Jonas Epper, Sofia Georgakopoulou, Benz Hubler, Jessica Knobloch, Matthew Huber, Teresa McWalters, Maria Vrontissi). Auf der Grundlage von physischen Hängekettenmodellen und deren digitaler Simulation wurde in Zusammenarbeit mit der BLOCK Research Group der ETH Zürich eine temporäre, begehbare Holzinstallation zur Verschattung einer stark sonnenexponierten Terrasse entworfen und im realen Maßstab umgesetzt. Die Struktur besteht aus individuell gestapelten Latten, die als von einem Industrieroboter additiv assemblierte Schalenkonstruktion nicht nur eine konstruktiv optimierte Lastabtragung in mehreren Richtungen ermöglicht, sondern auch vollkommen neue gestalterische Freiheitsgrade der traditionellen Ressource Holz eröffnet.

**6**

Der Begriff »Selbstverständlichkeit« soll zweierlei implizieren: zum einen die durch die Synthese von Daten und Material ermöglichte mimetische Angleichung an aktuelle technologische und kulturelle Bezüge, die scheinbar »selbstverständliche« Formen und Funktionen in der Architektur aktuell zu Tage treten lässt; zum anderen bildet die Thematisierung des Selbstverständlichen die Grundlage für neue Qualitäten, für neue räumliche und konstruktive Ordnungen, die gewissermaßen »einfach«, jedoch sinnvoll und sinnhaft zugleich erscheinen.

struktive) Ebene verlagert. Hier wird deutlich, dass die Frage nach der Verknüpfung von Daten und Material eine ebenso konstruktive Bedeutung enthält: Diese zeigt sich als eine sich vom Formalen lösende Strukturierung, das heißt als Ergebnis eines »entmystifizierten Verständnisses digitaler Technologien und eines befreiten, autonomen Umgangs mit dem Computer«.[3]

Die leitende Absicht für die Erforschung additiver Verfahren ist es, neue konstruktive Potenziale zu entwickeln und diese gleichermaßen im Maßstab der Architektur umzusetzen. Bereits Gottfried Semper hatte aufgezeigt, wie sich verschiedene technische Urformen in unterschiedlichen Kulturen entwickelt haben, nicht zuletzt durch den »Stoffwechsel«, die Übertragung verschiedener Grundtechniken und Nutzungen auf immer wieder neue Werkzeuge und Verfahren. Das architektonische Resultat ist demnach immer komplex, von verschiedenen Transformationen beeinflusst und durch den Stoffwechsel vom ursprünglichen Duktus von Form und Erscheinung befreit, geradezu emanzipiert. Am Ende sollen aber, so Semper, trotz all dieser Einflüsse und Transformationen, die unterschiedlichen Wesensmerkmale weiter erkennbar bleiben, die »dem Zusammenwirken der technischen Künste in einer primitiven architectonischen Anlage ihren Ursprung verdanken«.[4]

Diesen Ansatz verdeutlicht das Projekt »Das Sequentielle Tragwerk«[5] (12|1, 13|1 und 13|2), bei dem einfache Holzlatten vom Roboter abgelängt und anschließend frei gestapelt werden, wodurch eine traditionelle Konstruktionsform ihre »stoffwechselartige« Einbettung in ein neues technologisches Umfeld erfährt und emanzipierte Erscheinungen einzunehmen vermag. Entgegen des modularen Ausdrucks des Addierens lassen sich auf diese Weise feingliedrige Strukturen mit subtilen Übergängen realisieren: Ebene Flächen gehen nahtlos in gekrümmte über, es entsteht ein Wechselspiel zwischen der rhythmischen Wiederholung der additiv assemblierten Holzlatten und ihrer feinen Längenabstufung. Wesentlich ist zudem, dass es die additive Beschreibung des Systems ermöglicht, auf statische Anforderungen des Tragwerks zu reagieren, sodass gestalterische, strukturelle und herstellungstechnische Ansprüche sinnvoll verknüpft und gezielt optimiert werden können. Damit könnte, wie »Das Sequentielle Tragwerk« in seiner funktionalen Klarheit und konstruktiven Selbstverständlichkeit[6] verdeutlicht, additiven Prozessen im digitalen Zeitalter ein wichtiger Stellenwert eingeräumt werden, denn mit dieser Art des Konstruierens formieren sich kleinste Einheiten zu vielfältigen Verbänden, Verknüpfungen und Aggregationen, die zugleich der Logik des Digitalen und des Materiellen entsprechen. Es stellt sich die Frage, ob für die digitale Fabrikation heute nicht wieder ein zentral konstruktives Moment veranschlagt werden müsste, wo doch additive Prinzipien seit jeher ein entscheidendes Kriterium in der Architektur darstellen und mit der stattfindenden Übertragung auf zeitgemäße Technologien aufs Neue durchbrechen: Hier erscheint nicht mehr die

Modularität und Einheitlichkeit vorangegangener Versuche, sondern eine Komplexität, die auf das tatsächliche konstruktive Potenzial, das dem jeweiligen Material innewohnt, abzielt und zu vollkommen neuen Ausdrucks- und Bedeutungsformen additiver Strukturierungen in der Architektur führt.[7]

## Rekursive und materialbewusste Entwurfsprozesse

Hierin wird deutlich, dass die Digitale Materialität dort ihr größtes Potenzial entwickelt, wo die Zahl der zueinander in Beziehung stehenden Einzelteile besonders groß ist; wenngleich diese Verknüpfungen nicht zufällig sind, sondern aufeinander aufbauen und sich regelbasiert bedingen, sind es materielle Strukturierungen, die im Sinn eines offenen Regelwerks interpretiert werden können. Das ermöglicht ein Rahmenwerk von Abhängigkeiten, Möglichkeiten und Freiheitsgraden, über das die digitale Architektur in eine neue Beziehung zu sich selbst treten kann. Damit lassen sich komplexe Entwurfsprozesse in unmittelbarer Abhängigkeit vom jeweils verwendeten Material entwickeln, sodass sich folglich von einem durch digitale Methoden zugänglich gemachten Materialbewusstsein sprechen ließe. Dieses bezeichnet die Art und Weise, wie materialbewusste Entwurfsprozesse im digitalen Zeitalter der Architektur zu verstehen und zu erforschen sind. Es erfasst jenen empirischen, vielmehr materialistischen Charakter des Entwerfens, ohne den der Bezug zur architektonischen Forschung eine unbeteiligte, vom Material distanzierte »Informierung« bliebe, die keinen Zusammenhang mit der architektonischen Skalierung aufweist. Wie die Forschung an der Professur Gramazio & Kohler zeigt, ist es diese »modellhafte« Annäherung an eine bauliche Realität im Sinn realer Maßstäbe, Anforderungen und Konstruktionen, die nicht nur eine Voraussetzung für architektonische Forschung im digitalen Zeitalter und deren sprachliche Beschreibbarkeit insgesamt schafft, sondern ebenso einen Zugang zu materieller Vielfalt ermöglicht.[8] Deshalb gilt es, neben traditionellen Baumaterialien wie Holz, Ziegel oder Beton auch »strukturlose« Materialien wie Sand oder Schaum zu erforschen. Exemplarisch dafür steht das Projekt »Prozedurale Landschaften«[9] (6|1, 7|1 und 7|2). Ausgangspunkt sind prozedurale Fabrikationsprozesse zur experimentellen Landschaftsgestaltung, die mit dem Roboter entworfen und materialisiert werden. Gewissermaßen additiv werden verschiedene Aggregationen aus feinem Sand erzeugt, die einerseits aufgrund ihrer materiellen Eigenschaften einen hohen Komplexitätsgrad aufweisen, andererseits beliebig oft wiederholt werden können. Der zusätzlich mit Sensortechnik ausgestattete Roboter ermöglicht es, die entstehenden Muster während des Prozesses der Formierung zu gestalten, das heißt bereits vorhandene Schüttkegel werden gescannt und die Messdaten für weitere Masseanhäufungen ausgelesen,

**7**

Interessanterweise wäre dies zusätzlich in den Kontext einer Debatte über Module, Bauteile und Komponenten zu stellen. Nicht nur aufseiten des Werkzeugs, auch beim Baumaterial lässt sich eine zunehmende Dynamisierung hinsichtlich Komplexität, Variabilität und Funktionalität in der Architektur konstatieren. Auch wenn die architektonische Auseinandersetzung mit Modularität und systemischen Bauteilen eine historisch rekonstruierbare und ebenso tektonisch relevante Entwicklung darstellt, so ist diese keinesfalls abschließend geklärt. Allenfalls lässt sich feststellen, dass hierarchische Modularisierungen und Standardisierungen in Auflösung begriffen sind und sich in der zunehmenden Technisierung der Architektur vollkommen neue Stabilitäten artikulieren. Doch wie die Forschung der Professur Gramazio & Kohler mit einer Vielzahl von Projekten zeigt, ist diese Abkehr weniger radikal und eindeutig, als es vielfach – gerade im zeitgenössischen Diskurs der Architektur – propagiert wird. Die Individualisierung des Bauens erhält bezüglich des Materials zwar neue Freiheiten, was jedoch immer mit neuen Zwängen und Konventionen verbunden ist, auch wenn sich diese der unmittelbaren Sichtbarkeit zu entziehen scheinen: Vereinheitlichung von Entwurfsprozessen, Softwareanwendungen oder auch die Standardisierung von Entwicklungs- und Vertriebsprozessen. Das führt unweigerlich zu einer Rückkehr der Standardisierung, es entsteht ein neues architektonisches Bedürfnis nach Normierung und Einheitlichkeit, vor allem im digitalen Zeitalter. Das erlaubt die Abkehr von klassisch industriellen Paradigmen auf der materiellen Seite, ermöglicht gleichzeitig jedoch auch die Hinwendung zu neuen Standardisierungen und Normierungen auf der immateriellen, der prozessualen Seite. Es ist diese »Dialektik der Modularität« im digitalen Zeitalter, die, neben dem Werkzeug erneute Beachtung finden sollte.

**»Das Sequentielle Tragwerk«**    12|1  realisierter Pavillon

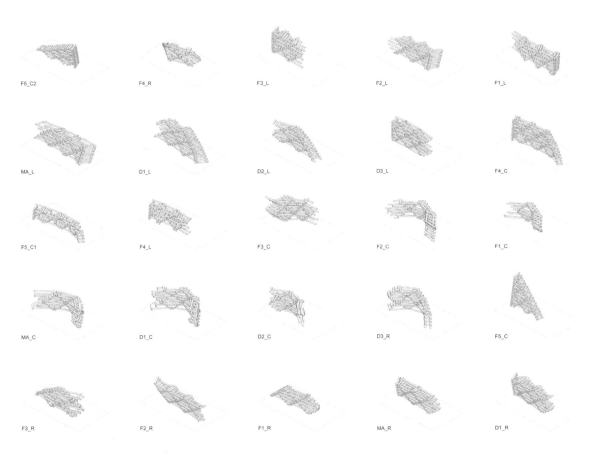

F5_C2  F4_R  F3_L  F2_L  F1_L

MA_L  D1_L  D2_L  D3_L  F4_C

F5_C1  F4_L  F3_C  F2_C  F1_C

MA_C  D1_C  D2_C  D3_R  F5_C

F3_R  F2_R  F1_R  MA_R  D1_R

**13|1** vom Roboter vorgefertigte Einzelsegmente   **13|2** Detailaufnahme der aus einer Vielzahl einzelner Elemente assemblierten Tragstruktur

**8**

Der französische Soziologe und Philosoph Bruno Latour räumt mit seiner umfassend entwickelten (politischen) Verknüpfung von künstlichen, sozialen oder natürlichen Sphären der realen Ökologie im Sinn einer Dingpolitik eine ebenso wichtige Bedeutung ein wie der kulturell-repräsentativen oder der rein natürlichen Welt. Vgl.: Latour, Bruno: Politics of Nature. How to Bring Science into Democracy. Cambridge, MA 2004

**9**

Das Projekt »Prozedurale Landschaften« ist Teil einer 2011 an der ETH Zürich abgehaltenen Lehrveranstaltung (Projektleiter: Michael Knauss, Studenten: Tobias Abegg, Jonathan Banz, Mihir Bedekar, Daria Blaschkiewitz, Simon Cheung, Dhara Dhara Sushil Surana, Felix Ernst, Hernan Garcia, Kaspar Helfrich, Pascal Hendrickx, Leyla Ilman, Malte Kloes, Jennifer Koschack, Caspar Lohner, Jitesh Mewada, Lukas Pauer, Sven Rickhoff, Martin Tessarz, Ho Kan Wong), die zusammen mit Prof. Christophe Girot, Institut für Landschaftsarchitektur (ILA), ETH Zürich, und Yael Girot, Atelier Girot, betreut wurde. Grundsätzlich wurde dies möglich durch den Aufbau einer zusätzlichen Forschungsanlage mit drei Modellbaurobotern, die im kleinen Maßstab eine volle Integration roboterbasierter Entwurfs- und Fabrikationstechniken in die akademische Lehre erlaubten.

**10**

Zu nennen sind beispielsweise die Ansätze von Frei Otto zu frei beweglichen, rollenden Massenanhäufungen und fließfähigen Schüttkegeln durch amorphe Teile wie Sand und Geröll. Vgl.: Otto, Frei; Gass, Siegfried (Hrsg.): IL25 Experimente. Stuttgart 1990

sodass sich Sandmenge, Bewegungsgeschwindigkeit und Fallhöhe von neuen Aggregationen gezielt anpassen und manipulieren lassen: Es entsteht eine rekursive Prozessualität, die sich immer wieder aufs Neue anpasst und durch Programmierung gezielt steuerbar ist, wenngleich die erzielten Ergebnisse stets eine Komponente des Unbestimmbaren enthalten. Ziel ist deshalb weniger die Materialisierung einer konkreten, geometrisch vordefinierten Formgebung als vielmehr eine materialbewusste Untersuchung der entwurfsrelevanten Faktoren und Struktureigenschaften während des Prozesses.

Wo in den 1970er-Jahren die experimentelle Forschung noch ganz auf »natürliche Konstruktionen«[10] und scheinbar ähnliche Methoden zu landschaftlichen Formierungen setzte, zeichnet sich hier eine höchst interessante Verschiebung ab: von der materiellen Formierung zur digitalen Fabrikation und kontrollierten Gestaltung derartiger Prozesse. Das Projekt »Prozedurale Landschaften« ist deshalb ein sehr wichtiger Versuch, der sich mit materiellem Eigenverhalten im Zusammenhang mit digitalen Fabrikationsmethoden und rekursiven Entwurfsverfahren auseinandersetzt und es zugleich auf strukturlose Materialien überträgt.

Das gilt auch dort, wo die entstehenden Sandlandschaften dem Anschein nach dem Vorwurf einer rein mechanistischen Interpretation zu entsprechen scheinen und zwar insofern, als es sich auf den ersten Blick um quasi »sequenzielle« Prozesse handelt, die die frei geformten Oberflächen präzise und augenscheinlich repetitiv entstehen lassen. Bei näherer Betrachtung wird jedoch erkennbar, dass die mit dem Roboter erzeugten landschaftlichen Aggregationen einen Organisationsgrad aufweisen, der im Wesentlichen auf einem durch den Roboter induzierten materiellen Eigenverhalten basiert. Seine Auswirkungen sind – im Unterschied zu frühen Experimenten der 1970er-Jahre – nunmehr in der vollen Komplexität steuer-, differenzier- und reproduzierbar, lassen sich jedoch weder zeichnen noch digital modellieren oder auf andere Art und Weise simulieren. Trotz der sich hierin abzeichnenden Komplexität sind die »Prozeduralen Landschaften« intuitiv erfahrbar und in unterschiedlichen Maßstäben interpretierbar. Das Projekt spricht deshalb gleichermaßen die menschlichen Fähigkeiten an, prozessual entstandene Organisationsformen zu reflektieren und singuläre Momentanitäten zu erkennen.[11] Gerade jene rekursiven und materialbewussten Entwurfsprozesse werden in Verbindung mit avancierten digitalen Fabrikationsprozessen einem vielfach komplexen Materialverhalten mitsamt seinen ästhetischen Qualitäten gerecht, sodass die Aufnahme ergebnisoffener Prozesse in die digitale Fabrikation ein zentraler Punkt ist.

## Reflexive Rückkehr der Maschine

Es ist vielleicht diese konzeptionelle Verknüpfung von Programmierung, additiven Konstruktionsformen und einem neuen Materialbewusstsein, die der digitalen Fabrikation ihren Ausdruck verleiht und den Einzug des Roboters in die architektonische Disziplin ermöglicht. Als »multiples Werkzeug« erlaubt dieser es zunächst, unterschiedlichste Anwendungen schnell und präzise auszuführen, vor allem aber, unmittelbar an der Schnittstelle zwischen digitalen und materiellen Sphären zu arbeiten und somit entscheidenden Einfluss auf die Programmierung und den Entwurf auszuüben. Und tatsächlich: Seit dem Ende der 1980er-Jahre entwickelte sich der Roboter zum maßgeblichen Werkzeug industrieller und standardisierter Produktionsformen, die in gewisser Weise und über das ganze 20. Jahrhundert hinweg charakteristisch für das Verständnis der heutigen Gesellschaft und ihrer Impulse für die gestalterischen Disziplinen sind. Doch die Entwicklung hin zu einer zunehmend reflexiven, individuellen und globalen »Stratifizierung«[12] kultureller Formen stellt paradoxerweise einen weiteren, geradezu komplementären »Wendepunkt«[13] dar, der erklärt, warum dem Roboter mit seinen technifizierten Transformationen und logischen Operationen heute nicht weniger, sondern mehr Bedeutung zukommt: Er beherrscht nicht nur die Sprache der Einheit, sondern ebenso die der Vielfalt.

Als ob das gewissermaßen schon immer in seiner »DNS« angelegt war, bricht nun etwas durch, das den Roboter zum geeigneten Werkzeug nicht nur einer standardisierten, sondern ebenso einer individuellen und globalen Produktionswelt macht: Es sind seine »generischen« Eigenschaften, unterschiedlichste Aufgaben in jeweils gleich bleibender Effizienz, Präzision und Flexibilität zu erledigen, um dabei stets offen für weitere Anpassungen und Aufgaben zu bleiben. Für die Architektur gilt nichts anderes: Der Roboter erhält seine architektonische Gewichtung dadurch, dass er es ermöglicht, individuelle Prozesse statt einheitliche Endformen zu konzipieren und in einen architektonischen Maßstab umzusetzen. Nicht weniger wichtig ist, dass sich auch die beschriebenen additiven Konstruktionsformen unmittelbar mit der »aufbauenden« Logik roboterbasierter Herstellungsprozesse verbinden lassen und somit eine direkte Synthese von Konstruktion und Robotik möglich wird. Damit verknüpft der Roboter die (alte) Welt industrieller Logik mit der (neuen) Welt des Informationszeitalters und wird dadurch zu einer maßgeblich »reflexiven Kulturform«. Zwischen Effizienz und Präzision ist es seither möglich, dem allgemeinen Primat der Individualisierung auch technologisch Rechnung zu tragen. Im Gegensatz zur industriellen Automatisierung und der damit einhergehenden repetitiven Logik stets gleicher Muster, Vorlagen und Formen gilt es somit, eigene »Handfertigkeiten« des Roboters zu entwickeln und auf dessen additiven Fertigungspotenzialen weiter aufzubauen.

Wie bereits erwähnt, bewegt sich der Roboter damit nicht mehr vornehmlich in den natürlichen Sphären industrieller Wiederholbarkeit, wie es für die Architektur lange kennzeichnend war, sondern in der realen Welt einer rasant wachsenden Anzahl komplexer Beziehungen – wie

[11]

Der spanische Soziologe Manuel Castells beschreibt unter anderem, wie sich neue digitale Organisationsformen (»Space of Flows«) nicht nur in der Typologie, Organisation und Repräsentation von Architektur und Stadt niederschlagen, sondern wie sich darin ebenso Wahrnehmung und ästhetische Bedeutung hin zu momentanen Affekten und prozessualen Reflexionen verändern. Vgl.: Castells, Manuel: The Informational City. Information Technology, Economic Restructuring, and the Urban Regional Process. Oxford 1989

[12]

Beck, Ulrich; Giddens, Anthony; Lash, Scott: Reflexive Modernization. Politics, Tradition and Aesthetics in the Modern Social Order. Cambridge 1994

[13]

Nicht unbekannt geblieben ist, dass Konrad Wachsmanns »Wendepunkt im Bauen« (1959) in einer ähnlichen Thematik verortet ist, ebenso die Arbeiten von Pier Luigi Nervi oder auch Felix Candela. Dabei ist wesentlich, dass Wachsmann bereits frühzeitig die konzeptionellen Auswirkungen der industriellen Produktionsveränderungen für die Architektur erkannt hat und diese für das digitale Zeitalter vorweggenommen hat. Innerhalb dieser »marxistischen« Perspektive ist es Wachsmanns Differenzierung zwischen Technologie und Baukunst, die für die hier angesetzte Debatte insofern wesentlich ist, als sich durch den Roboter das von Wachsmann postulierte »natürliche Gefühl für Material und Gefüge« neu zu artikulieren scheint und im Zeitalter der individuellen, digitalen Produzierbarkeit von Architektur seinen erneuten »Wendepunkt« erfährt.

*Zur Reichweite der Individualisierungstendenzen vgl. Industrialisierung versus Individualisierung* » S. 24, *Parametrische Entwurfssysteme* » S. 43, 52, *Bauprozesse von morgen* » S. 128

**16|1 Übertragung der Studienergebnisse** des »Sequentiellen Tragwerks« auf die Roboterassemblierung eines Dachträgers im Rahmen eines Holzforschungsprojekts

**16|2** erfolgreich bestandener **Belastungstest** des roboterassemblierten Trägers

14

DeLanda, Manuel: A New Philosophy of Society. Assemblage Theory and Social Complexity. New York 2006

etwa den für diese Debatte zentralen Abhängigkeiten zwischen Daten, Konstruktion und Fabrikation. Gerade hier setzt die Forschung an der Professur Gramazio & Kohler an und liefert einen wichtigen Beitrag für die Architektur als Ganzes, sodass der bisweilen nur marginale Einfluss digitaler Technologien auf die Architektur durch den Roboter nunmehr einen »reflexiven Ausdruck« findet und somit wegweisende Bedeutung erfährt.

## Paradoxe Operationalität des Roboters

Beim Navigieren durch diese Welt mit ihren veränderten Produktionsbedingungen taucht immer wieder die Frage auf, warum sich diese Aufgabe nicht auch ohne den Roboter bewältigen lässt. Und tatsächlich, wenn global betrachtet ein Handwerker eine Ziegelwand einfacher herzustellen vermag als ein Roboter, so gilt – will man nicht alte handwerkliche Paradigmen als leere Hülsen weiter durch die architektonische Disziplin tragen – bei einer gewissen Komplexität das, was als die Operationalität des Roboters bezeichnet werden könnte. Jede erst mithilfe eines Roboters modellier- und qualifizierbare materielle Entität wird zugleich zur Begründung, warum der Roboter das ermöglicht, was der Mensch nicht zu leisten imstande ist. Das heißt, der Roboter entfaltet sein Potenzial dort, wo eine zunehmende Anzahl komplexer Bezüge und Anforderungen den Einsatz des Menschen als wenig praktikabel erscheinen lässt – sowohl in quantitativer als auch qualitativer Hinsicht. Umgekehrt wäre es wenig sinnvoll, sehr einfache Bauteile robotergestützt herzustellen, wenngleich dies technisch möglich wäre. Doch für eine architektonische Operationalität des Roboters entfällt die dafür essenzielle Komplexität; ganz abgesehen davon, dass der Mensch mit seinen handwerklichen Fähigkeiten einerseits und die großindustrielle Automatisierung andererseits einen weitaus effizienteren Rahmen zur Herstellung einfacher, sich wiederholender Bauteile darstellen. Und doch, der Roboter ermöglicht die Beherrschbarkeit einer vielfach komplexeren Welt. Das ist weniger dem Interesse an der »technoiden Ontologie« des Roboters geschuldet, sondern dem, was in der Architektur heute zunehmend sichtbar wird: die Assemblage einer Vielzahl komplexer, produktionsspezifischer Anforderungen und Funktionen sowie deren individuelle Umsetzung im realen Maßstab.[14] Das bedeutet, dass der für die Architektur typische »Abstraktionsgrad« entfällt und Komplexität nun unmittelbarer als je zuvor materialisiert werden kann. Solche Gestaltungen, die vor der Verfügbarkeit des Roboters kaum machbar und noch weniger sinnvoll gewesen wären, lassen sich mit dem Roboter heute auf einfache Art und Weise entwerfen und bauen.

Dies würde bedeuten, dass die große Errungenschaft des Einsatzes von Robotern in der Architektur darin besteht, dass sich die Frage nach Effizienz, Präzision und Flexibilität zugleich zur Frage nach dem grundsätz-

lichen Umgang mit dem Bauen umdeuten lässt. Wesentlich ist, dass – für die heutigen Denkgewohnheiten in der Architektur bisweilen unvorstellbar oder gar in der vielerorts beschriebenen Dichotomie von Mensch und Maschine endend – das durch den Roboter ermöglichte Annähern an eine umfassende technologische Fabrizierbarkeit keineswegs der Entwertung der menschlichen Mannigfaltigkeit entspricht. Im Gegenteil, über die Operationalität des Roboters lassen sich die menschlichen Fähigkeiten maßgeblich erweitern. Es verbessern sich nicht nur Übersicht und Kontrolle über komplexe materielle Prozesse, sondern diese lassen sich vor allem differenziert umsetzen und damit für architektonische Zwecke nutzen. Innerhalb dieser konzeptionellen Vorgabe bleibt der Roboter nicht mehr nur der materiellen Welt, wie Schwerkraft oder Materialeigenschaften, verhaftet, sondern verknüpft sich ebenso mit der immateriellen Welt des Denkens, Entwerfens und Programmierens. Nach Ansicht des italienischen Architekturhistorikers Mario Carpo hat dies zur Folge, dass die seit der Renaissance bestehende Trennung zwischen dem Akt des Entwerfens und dem Akt der Produktion, zwischen Mensch und Maschine, aufgehoben wird, sodass sich die Operationalität des Roboters keinesfalls und ausschließlich auf den materiellen Herstellungsvorgang beziehen lässt, sondern ebenso auf die Art und Weise, wie Architektur intellektuell gedacht, programmiert und entworfen wird.[15]
An analytischer Schärfe gewinnt Carpos These, wenn man sie dahingehend ändert, dass sich umgekehrt die Programmierung als eine »anthropologische« Form des Entwerfens, Konstruierens und Materialisierens interpretieren lässt, sodass letztlich fraglich ist, ob in der Synthese von Programmierung und robotergestützter Fabrikation nicht zugleich die immanente Logik von Mensch und Maschine sichtbar wird.

## Technologische Avanciertheit und kritische Komplexität

Festzustellen bleibt, dass der Mensch durch die Kulturform des Roboters keinesfalls relativiert wird, sondern sich als Leitfigur einer konstruktiven Realität zwischen Programmierung und Fabrikation etabliert. Die damit implizierte Hinwendung zu assoziativer Logik und anthropologischer Handwerklichkeit könnte sich in Zukunft als so tiefgreifend erweisen, dass folglich das Gegenteil im Zentrum dieser Debatte stehen müsste: Durch den Einsatz des Roboters erfährt der Mensch als Autor seine weitreichende Rekonzeptionalisierung im »Kräftefeld«[16] des architektonischen Informationszeitalters. Wenn, wie das Projekt »Wohnhaus Eierbrechtstraße«[17] (18|1 und 18|2) beweist, eine unregelmäßig geformte Gebäudehülle aus mehreren Tausend Ziegelsteinen zu entwickeln ist, lässt sich dies kaum mehr mit dem vom Menschen über Jahrhunderte hinweg kultivierten Raster oder mit wiederholbaren Typologien umsetzen. Im Gegenteil, die Fassade des mehrgeschossigen Wohnhauses zeigt,

15

Carpo, Mario: Revolutions. Some New Technologies in Search of an Author. In: Log 15/2009

16

Bourdieu, Pierre: Zur Soziologie der symbolischen Formen. Frankfurt/M. 1997

17

Das Projekt »Wohnhaus Eierbrechtstraße« von Gramazio & Kohler, Architektur und Städtebau basiert auf einem laufenden Forschungsprojekt der Professur Gramazio & Kohler (Projektleiter Tobias Bonwetsch) in Zusammenarbeit mit der Keller AG Ziegeleien. Ziel ist die Entwicklung einer Gestaltungssoftware für individuell artikulierte Ziegelsteinfassaden und die gleichzeitige industrielle Umsetzung.

18|1 computergenerierte Detailaufnahme einer Fassadenstudie zum **»Wohnhaus Eierbrecht-straße«**

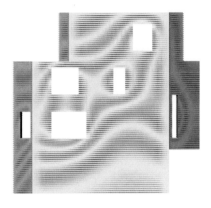

18|2 Ansicht der **Interferenzmuster** auf der Fassade des »Wohnhauses Eierbrechtstraße«

dass die vielfach komplementäre Logik zwischen Verband, Fensterlaibung und Gebäudekante zunächst weniger eine Frage der durch den Roboter ermöglichten Effizienz, Präzision und Flexibilität ist. Vielmehr ist der grundsätzliche Umgang mit architektonischer Komplexität sowie die Möglichkeit, diese überhaupt darstellen und damit verstehen zu können, entscheidend. Verschiebt man beim Wohnhaus Eierbrechtstraße beispielsweise einen einzigen Ziegelstein, ändern sich unendlich viele Beziehungen zwischen Fensterpositionierung, Mauerwerksverband und der gesamten Artikulation der Gebäudehülle. Es ist dieses architektonisch komplexe Regelwerk aus komplementären Beziehungen und Intentionen, das anhand des Projekts eine neue Wertung erfährt: als Herausforderung für das Darstellen und den gleichzeitigen Umgang mit einer Vielzahl von entwurfs- und fabrikationsspezifischen Parametern. Dies erfordert neue Entscheidungsabläufe, Selbstverständlichkeiten und Freiheitsgrade. Das umfasst insofern auch die Frage der »Beherrschbarkeit«, als sich auf die Operationalität des Roboters in gewisser Weise mit einer korrespondierenden Aufwartung eines Vielfachen an menschlicher Arbeitskraft entgegnen ließe. Unbestritten bleibt aber, dass dies weniger eine technologische Avanciertheit als vielmehr eine Rückkehr in ein vorindustrielles Zeitalter bedeuten würde. Selbst wenn die sozialen, kulturellen und politischen Umstände es zuließen, wäre das nicht nur ein ökonomisches, sondern auch ein ethisches Problem. Andererseits und dem vorgelagert bietet sich mit dem Roboter die Möglichkeit, ein genuin materielles Entwurfsverständnis zu entwickeln, das nicht nur nebenbei mit der effizienten Organisation einer bestimmten Menge an Bauelementen zu tun hat. Darüber hinaus soll ein gleichermaßen architektonisch umfassendes Verständnis funktionaler Beziehungen und räumlicher Abhängigkeiten entwickelt werden, denn anders, als vielfach angenommen, erschöpft sich die durch den Einsatz des Roboters ermöglichte und in Projekten wie dem Wohnhaus Eierbrechtstraße gezeigte Komplexität nicht nur in der reinen Tektonik eines Bauteils oder Bauwerks, sondern erlaubt vor allem das Aufspannen einer umfassenden Perspektivität architektonischer Materialität.

## Architektonische Dotierung des Sinnvoll-Sinnhaften

In dieser Betrachtung sind die vom Roboter assemblierten Strukturen nicht nur als Ganzes quantifizierbar, sondern jedes einzelne Element auch qualifizierbar geworden, da es möglich ist, gezielt architektonische Informationen einzubetten. Die architektonische Substanz des Roboters liegt in dieser Hinsicht im strukturgebenden Differenzieren von großen Mengen, also darin, das Überzählige, Unüberschaubare und Uneinheitliche zu beherrschen und weiter zu kultivieren. Sind diese Voraussetzungen erfüllt, zeichnen sich roboterassemblierte Strukturen durch ungewöhnlich viele und detailliert organisierte Elemente, ein hohes Maß an konstruktiver Präzision und die gleichzeitige Präsenz komplexer Verknüpfungen zwischen dem Ganzen und den einzelnen Elementen aus. Dabei wird nicht nur der architektonische Entwurf und dessen Umsetzung andersartig, sondern ebenso der architektonische Ausdruck, wie die Projekte »Wohnhaus Eierbrechtstraße«, »Das Sequenzielle Tragwerk« oder »Prozedurale Landschaften« exemplarisch zeigen, und wie auch »Die programmierte Säule« (19|1 und 19|2) verdeutlicht. Hier erscheint Architektur technologisch fremd, gleichzeitig aber materiell vertraut und erlaubt zugleich vielfältige Verknüpfungen zwischen Handwerk und Technologie, zwischen Mensch und Maschine.

Damit ließe sich vorläufig konstatieren: Der Roboter ist jenseits von sinnvoller und sinnhafter Bewertung gerade deshalb ein faszinierendes Instrument in der Architektur im digitalen Zeitalter, weil er es ermöglicht, fernab von jeglichem Determinismus neue, mehrschichtige Ordnungen zu entdecken, um hierin wiederum neue Erkenntnisse für weitere Entdeckungen zu gewinnen. So bleibt abzuwarten, wie sich der Roboter in Zukunft entwickeln wird. Aber eines muss bereits jetzt festgehalten werden: In der Operationalität von Daten und Material geht es keineswegs nur um digitale Ästhetik, sie ist weit mehr als ein kurzlebiges Kapitel des digitalen Zeitalters. Vielmehr handelt es sich dabei um eine Perspektivität, die innerhalb einer konkreten, technologisch basierten Betrachtung, von der Computerprogrammierung bis hin zur Fabrikation mit dem Industrieroboter, eine offene, vielfältige und greifbare Dotierung von Architektur ermöglicht. Mit dieser gelingt nicht nur die Erforschung und Aufnahme der neuesten universalen Technologien in den Gehalt der Disziplin, sondern ebenso wird es möglich, diese Entwicklungen räumlich und materiell aufeinander zu beziehen und damit kulturell nutzbar zu machen.

**19|1 und 19|2** Projekt **»Die programmierte Säule«** und seine körperhafte Strukturierung von Ziegelsteinen zu einem vertikalen Tragwerksverband

# Industrialisierung versus Individualisierung – neue Methoden und Technologien

**Text** Petra von Both

**Um die anhaltenden wirtschaftlichen Probleme der Bauindustrie zu überwinden, ist eine erhebliche Effizienz- und auch Effektivitätssteigerung der Bauprozesse erforderlich. Allerdings macht eine genauere Untersuchung deutlich, dass das Bauwesen hinsichtlich Innovationen und dem Einsatz zukunftsfähiger Methoden und Technologien im Branchenvergleich weltweit stark zurückgefallen ist.** Eine Untersuchung des amerikanischen National Institute of Building Science (NIBS) zeigt sehr klar die negative Entwicklung des Produktivitätsindex im Bauwesen über die letzten 40 Jahre und verdeutlicht die Notwendigkeit, bestehende Prozesse und Methoden sowie die hierbei eingesetzten technischen Hilfsmittel zu überdenken.[1]

In den USA konnten in Bezug auf Planungs- und Fertigungseffizienz in den letzten Jahren durch gezielten Rechnereinsatz im Planungs- und Bauprozess sowie durch industrielle Fertigungs- und Assemblingmethoden bereits augenfällige Verbesserungen erreicht werden,[2] im Gegensatz dazu sieht sich die deutsche Baubranche im globalen Kontext in einer verschärften Wettbewerbssituation.

Wie Architekten- und Ingenieurkammern nun erkannt haben, liegt die Ursache für diese Situation in einer oft ineffizienten und an überalterte Methoden und Rollenbilder geknüpften Arbeitsweise.[3] Reaktionen hier-

**1**

Zentralverband Deutsches Baugewerbe e. V. (Hrsg.): Analyse & Prognose. Bauwirtschaftlicher Bericht 2010/2011. Berlin 2011

**2**

Young, Norbert W.; Bernstein, Harvey M.: Key Trends in the Construction Industry. Smart Market Report: Design & Construction Intelligence. Studie im Auftrag von McGraw-Hill Construction. New York 2006

**3**

Hommerich, Christoph; Ebers, Thomas: Analyse der Kosten- und Ertragssituation in Architekturbüros. Ergebnisse einer Repräsentativbefragung im Auftrag der Bundesarchitektenkammer. Bergisch Gladbach 2006

auf bestehen allerdings zumeist in einer stärkeren Spezialisierung und Arbeitsteilung im Planungs- und Bauprozess, um – tayloristischen Ansätzen folgend – durch Segmentierung eine Komplexitätsreduktion und Effizienzsteigerung in den einzelnen Prozessen zu erhalten. Dies mündet allerdings meist in einer isolierten sequenziellen Bearbeitung der Prozesse und führt damit zu Qualitätseinbußen durch erhöhte Kompatibilitätsprobleme der separat optimierten Teillösungen.

Der Lösungsansatz kann daher nur in einer Erhöhung der globalen, das heißt in diesem Zusammenhang auf das Gesamtprojekt bezogenen, Wertschöpfung liegen. Konkret gehen Experten davon aus, dass sich eine Produktivitätssteigerung insbesondere durch Innovation und Vernetzung im Planungs- und Bauprozess, durch neue integrierte Technologien, computerbasierte 3-D-/4-D-Modellierung von Bauwerken, CAD-CAM-Kopplung, neue Prozesse sowie neue Arten von Dienstleistungen erreichen lässt.[4] Auch die Frage, inwieweit für das europäische und gerade deutsche Bauwesen eine weiterführende Industrialisierung der Bauproduktion zielführend wäre, ist Gegenstand der aktuellen Diskussion. Ob und wie Ansätze aus der Konsumgüterindustrie, beispielsweise die Massenproduktion, auf das Bauwesen übertragbar sind und welche alternativen technologischen und methodischen Lösungsansätze existieren, soll im Folgenden diskutiert werden.

## Gesetz der Massenproduktion

Das Gesetz der Massenproduktion legt die Abhängigkeit der Kosten eines Produktionsverfahrens von der Ausbringungsmenge des Produkts dar.[5] Der deutsche Nationalökonom Karl Bücher formulierte 1910 erstmals die damit einhergehenden Effekte.[6] Er stellte fest, dass mit steigender Produktionsmenge die Stückkosten sinken, da sich die Fixkosten auf eine größere Stückzahl verteilen (Fixkostendegression) und daher bei kapitalintensiveren Produktionsverfahren die Herstellung größerer Mengen vorteilhaft ist.[7] Allerdings zeigt sich auch, dass der technische Fortschritt zu Produktionsverfahren mit immer höherem Kapiteleinsatz führt. Um Massenfertigung erfolgreich zu betreiben, ist daher Massenkonsum notwendig: Steigende fixe Kosten führen zu einem »Zwang zur Größe«.[8]

Eine Übertragung dieser Ansätze auf das Bauwesen erfordert entsprechend großteilige organisatorische Strukturen. Ein Blick auf die Praxis zeigt allerdings sowohl aufseiten der Planenden wie auch der Ausführenden eine sehr feingranulare Unternehmensstruktur:[9]

- 92 Prozent der Unternehmen im Bauhauptgewerbe beschäftigen weniger als 20 Personen.
- Die durchschnittliche Größe von Ingenieur- und Architekturbüros liegt zwischen drei und fünf Personen.

*Weitere Aspekte der Vernetzung von Planungs-, Bau- und Fertigungsprozessen vgl. auch* » *S. 25 sowie Die Operationalität von Daten und Material* » *S. 9, Material, Information, Technologie* » *S. 31, Parametrische Entwurfssysteme* » *S. 43, Bauprozesse von morgen* » *S. 126*

**4**

Bernstein, Harvey M.: The Business Value of BIM. Smart Market Report: Design & Construction Intelligence. Europäische Studie im Auftrag von McGraw-Hill Construction. New York 2009

**5**

Universität Erlangen-Nürnberg, Institut für Wirtschaftswissenschaft: Online-Lehrbuch Kapitel 5. Steuerungsprozesse. Das Rationalisierungsprinzip. http://www.economics.phil.uni-erlangen.de/bwl/lehrbuch/kap5/rational/rational.pdf (abgerufen am 04.08.2011)

**6**

König, Wolfgang: Geschichte der Konsumgesellschaft. Stuttgart 2000

**7**

Gesetz der Massenproduktion. In: Wirtschaftslexikon24.net (abgerufen am 05.08.2011)

**8**

Molsberger, Josef: Zwang zur Größe? Zur These von der Zwangsläufigkeit der wirtschaftlichen Konzentration. Abhandlungen zur Mittelstandsforschung 31. Köln 1967

**9**

Statistisches Bundesamt (Hrsg.): Statistisches Jahrbuch 2009 für die Bundesrepublik Deutschland. Wiesbaden 2009; wie Anm. 4

22|1 fg 2000, Altenstadt (D) 1968, Wolfgang
Feierbach

**10**

Le Corbusier: Der Modulor. Darstellung eines in Architektur und Technik
allgemein anwendbaren harmoni-
schen Maßes im menschlichen Maßstab. Stuttgart 1978

**11**

wie Anm.

*1850 schrieb der französische Schrift-*
*steller Théophile Gautier: »Die Mensch-*
*heit wird eine völlig neue Art der Archi-*
*tektur hervorbringen, sobald die von der*
*Industrie neu geschaffenen Methoden*
*angewandt werden.«*

Iken, Katja: Instant-Wohnträume. Budenzauber
aus der Dose. In: einestages – Zeitgeschichten
auf SpiegelOnline (abgerufen am 10.01.2011)

**12**

wie Anm. 6, S. 67

**13**

Cobbers, Arnt; Jahn, Oliver: Prefab
Houses. Hrsg. von Peter Gössel. Köln
2010

Solche Unternehmensstrukturen sind besonders im Bereich des individuellen Projektgeschäfts zu finden, wobei eine Fokussierung auf die
Kernkompetenzen das Bestehen im zunehmend internationalisierten
Markt gewährleistet. Eine solche Segmentierung und isolierte Optimierung der Funktionen steht allerdings durch mangelnde Schnittstellenge-
staltung einer Optimierung des Gesamtprozesses entgegen. Hier stellt
sich daher die Frage nach adäquaten Geschäftsmodellen und Prozessen,
die eine Effizienz- und Produktivitätssteigerung in den bestehenden
Unternehmensstrukturen ermöglichen. Übertragbar sind die Ansätze
der Massenproduktion nur auf gewisse Bauteil- und Fertigteilhersteller
und nur im Rahmen sinnvoller Standardisierungsebenen.

Das Thema der Standardisierung ist dabei nicht neu: Gerade in der
Moderne wurde diese Frage in Architektenkreisen viel diskutiert und
zahlreiche, auch sehr prominente Lösungsansätze entwickelt. Beispiel-
haft sei hier die 1926 gegründete AFNOR (Association française de nor-
malisation) genannt sowie die durch Le Corbusier 1940 gegründete Vereinigung ASCORAL (Assemblée de Constructeurs pour Rénovation
architecturale), die sich beide mit der Normung und industriellen Ferti-
gungsmethoden beschäftigten.[10]

## Fertighäuser und Systembau

Ansätze zur Standardisierung auf Ebene des Gesamtbauwerks fanden
und finden ihre Anwendung im Bereich der Fertighäuser. Die industrielle
Herstellung großer Mengen gleicher Produkte unter Verwendung von
standardisierten Einzelteilen und Baugruppen ermöglicht es, kosten-
günstig Wohnraum für viele Menschen zu schaffen.[11] Diese Idee führte
bereits in der Zeit der Industriellen Revolution zu ersten Anwendungen
der Massenproduktion auf das Bauwesen, wobei die Aufbruchstimmung
dieser Zeit eine sehr positive Beurteilung der Ansätze förderte.

In den 1920er-Jahren gab es verschiedene Versuche, den Werkstoff Beton
– aufgrund seiner Homogenität besser für die Massenproduktion einsetzbar als inhomogene Holzprodukte – als Basis von Fertighausmodulen zu
nutzen. Nach Ansicht des Technikhistorikers Wolfgang König scheiterten
diese Bestrebungen allerdings daran, dass sich die »Entwürfe und Ausfüh-
rungen von Betonhäusern« als »wenig befriedigend« erwiesen.[12]

Die Wohnungsnot nach dem Zweiten Weltkrieg führte zu einer Renaissance der Fertighausidee, wobei viele ehemals im Verteidigungsbereich
und Flugzeugbau beheimatete Unternehmen auf den Markt drängten.
Ein Beispiel dafür ist das sogenannte Vultee-Haus der Vultee Aircraft
Corporation (1947). Dieses aus 28 Blechfertigteilen zusammengesetzte
Gebäude zeigt sehr anschaulich die Bezugnahme zu bestehenden Fertigungstechnologien und bekannten Materialien.[13]

Die 1970er-Jahre brachten mit der Entwicklung neuer Materialien den
Trend zum Kunststoffhaus. Ein Beispiel hierfür ist das Haus »fg 2000«

aus dem Jahr 1968 von Wolfgang Feierbach (22|1). Vorgefertigte Fiberglasmodule erlaubten eine schnelle und einfache Montage ohne Kran und Hebezeug.[14] Die Internationale Kunststoffhausausstellung »ika 71« in Lüdenscheid stellte 1971 einen Höhepunkt in der kurzen Karriere der oft futuristisch anmutenden Freiformgebäude aus Kunststoff dar, die vor allem als Ferienhäuser dienten.[15] Ab den 1980er-Jahren wandte sich das Bauwesen vermehrt individualisierbaren Bauweisen zu, womit der Gedanke des Fertighauses – oft auch aufgrund mangelnder bauphysikalischer Eigenschaften der Gebäude – eher in den Hintergrund geriet.

Die wirtschaftliche Krise der vergangenen Jahre rückt die Idee des kostengünstigen Fertighauses – auch unter dem Aspekt der Kostensicherheit – allerdings wieder stärker ins Zentrum des Interesses, zumal bei den zumeist in Holzbauweise errichteten modernen Fertighäusern die Eigenschaften bezüglich Energieeffizienz und Nachhaltigkeit schon vorab bekannt sind. Trotz eines Zuwachses von ca. 10 Prozent im Jahr 2010 liegt der Marktanteil der Fertighäuser allerdings mit etwa 15 Prozent auf einem vergleichsweise niedrigen Niveau.[16]

Einen wesentlich flexibleren Ansatz als Fertighäuser stellt der Systembau dar. Hier geht es nicht um eine Standardisierung des Gesamtbauwerks, sondern der Komponenten und Verfahren. Die Vorteile dieser Ansätze liegen in einer besseren Anpassbarkeit und Konfigurierbarkeit der Systeme sowie in der relativ kurzen Bauzeit am Errichtungsort (Assembling). Zudem ermöglicht die räumliche und zeitliche Trennung von Komponentenfertigung und Zusammenfügen auf der Baustelle eine völlige Witterungsunabhängigkeit während der Vorfertigungsphase sowie eine hohe Präzision der oft seriell gefertigten Bauteile.

Eine der wohl durchgängigsten Umsetzungen dieses Ansatzes erfolgte durch Fritz Haller, der neben dem weltweit bekannten, flexibel erweiter- und umbaubaren Möbelsystem USM Haller verschiedene Baukastensysteme für Gebäude entwickelte und zudem seine Entwurfsprinzipien auch auf stadtsoziale und stadtutopische Projekte anwandte.

Auf Gebäudeebene beschäftigte er sich mit der Entwicklung unterschiedlicher funktionaler Systemtypologien, um über den Flexibilitätsgedanken hinausgehend dennoch den Anforderungen spezifischer Nutzungsfunktionen gerecht zu werden. So entstanden drei sogenannte Gebäudebaukästen, die neben der durchdachten konstruktiven Seite auch eine sehr flexible und effiziente Integration der Gebäudetechnik aufweisen (23|1):

- USM Haller MINI für Wohnbauten und Bürogebäude
- USM Haller MIDI für hoch installierte Gebäude wie Schulen oder Labore
- USM Haller MAXI für Industriebauten

Ähnlich wie das Fertighaus wurde allerdings auch der Ansatz des Baukastensystems mit der in den 1980er-Jahren beginnenden Phase der

14

ebd.

15

wie Anm. 13

16

Bundesverband Deutscher Fertigbau e. V.: Wirtschaftliche Lage der deutschen Fertigbauindustrie. http://www.bdfev.de/german/verband/wirtschaft/index.html (abgerufen am 05.08.2011)

23|1 Anwendung eines Baukastensystems, Erweiterung der Kantonsschule, Solothurn (CH) 1997, Fritz Haller

Zur Reichweite der Individualisierungstendenzen vgl. Die Operationalität von
Daten und Material » S. 15, Parametrische Entwurfssysteme » S. 43, 52,
Bauprozesse von morgen » S. 128

17

http://insm.de/insm/Aktionen/
Lexikon/i/Individualisierung.html
(abgerufen am 05.08.2011)

18

ebd.

*Diese Diversifizierung der Zielgruppen
setzt sich heute auch im Bereich der
Stadtentwicklung durch, die mit dem
gezielten Einsatz von Milieustudien
(beispielsweise des Sinus-Instituts,
http://www.sinus-institut.de/loesungen/
sinus-milieus.html, abgerufen am
05.08.2011) neben Alters- und Einkom-
mensstrukturen ebenso gruppenspezifi-
sche soziokulturelle Aspekte und Wertesysteme zur Basis ihrer Planung macht.*

19

Piller, Frank T.: Mass Customization.
Ein wettbewerbsstrategisches Konzept im Informationszeitalter. Wiesbaden 2006

20

Dörflinger, Markus; Marxt, Christian:
Mass Customization – neue Potenziale
durch kundenindividuelle Massenproduktion (I). Verbindung effizienter
Massenfertigung mit kundenspezifi-
scher Einzelfertigung.
In: ioManagement, 03/2001

Individualisierung – speziell im Wohnungsbau – eher in den Hintergrund gedrängt.

## Individualisierung und Mass Customization

Die Individualisierung ist sowohl auf soziokultureller als auch auf ökonomischer Ebene zu verorten. In den 1980er-Jahren trieb der Soziologe
Ulrich Beck das Thema voran, das auch in der Diskussion um den »sozialen Wandel in der modernen Gesellschaft«, der mit einer »Auflösung
traditioneller Lebensformen, -normen und Handlungsorientierungen«
einhergeht,[17] eine wichtige Rolle spielt.

Ein wichtiger Aspekt ist dabei die Individualisierung des Wertesystems:
Aus ökonomischer Sicht spricht man von Individualisierung auch als
»Markenzeichen und Wettbewerbsfaktor«.[18] Eine verbesserte Kunden-
orientierung der Unternehmen mit einer markt- und zielgruppenge-
nauen Spezifikation von Produkten und Dienstleistungen ermöglicht
individuell auf die Kunden zugeschnittene Produkte.

Bezug auf diese Entwicklungen nimmt auch der in den letzten zehn Jahren entwickelte Ansatz der »Mass Customization«,[19] der die Vorteile
einer individuellen Einzelfertigung mit den Prinzipien der Massenproduktion zu verknüpfen sucht. Dahinter steht die Idee, einen relativ großen
Absatzmarkt zu bedienen und gleichzeitig individuelle Kundenbedürf-
nisse berücksichtigen zu können, ohne die Kosten von Standardproduk-
ten zu überschreiten. Erreicht wird dies durch eine Erhöhung der Varian-
tenvielfalt sowie eine effizientere kundenspezifische Produktentwicklung
durch verbesserte Planungs- und Fertigungsverfahren. Das Ziel besteht
darin, individuelle Produkte in Massenmärkten zu platzieren – bei gleichen oder sogar sinkenden Kosten.[20] Dazu werden moderne Produkti-
onstechnologien mit Prinzipien des E-Commerce gekoppelt. Doch wie ist
dieser Ansatz auf das Bauwesen übertragbar?

## Individualisierter Systembau

Der individualisierte Systembau versucht, die planerische Freiheit, die
bei konsequenter Anwendung eines systematisierten Gebäudebaukas-
tens prinzipiell eingeschränkt ist, zu erweitern, indem er die standardisierten Systemkomponenten mit individuellen Details zu kundenspezi-
fischen Lösungen kombiniert. Allerdings lassen sich mit diesem eher auf
Konfiguration beruhenden Ansatz die Nachteile eingeschränkter individueller Planungslösungen des Systembaus nicht völlig ausgleichen.

Zielführend kann ein solches auf parametrisierbaren Komponenten
beruhendes Vorgehen aber beispielsweise für die bauliche Erneuerung
und hier speziell die energetische Modernisierung sein. Abbildung 25 | 1
zeigt die im Forschungsprojekt EISAN an der Universität Karlsruhe rea-

lisierte Elementierung und Parametrisierung eines Wärmeverbundsystems sowie die darauf folgende automatisierte Fertigung und Montage, die auf einer individuellen Erfassung und topologischen Analyse von Gebäuden basieren.

## Automatisierte Unikatfertigung

Ein weiterer vielversprechender Ansatz für die effiziente projektspezifische Entwicklung von Unikaten ist die automatisierte Fertigung, auch als CAD-CAM-Kopplung (Computer-Aided Design/Computer-Aided Manufacturing) bezeichnet. Voraussetzung hierfür ist ein integrierter Planungs- und Fertigungsprozess auf Basis von CAx-Technologien. Dieser setzt das Vorhandensein einer durchgängigen digitalen und somit validierbaren Beschreibung des Planungsgegenstands mittels eines virtuellen Gebäudemodells (Building Information Modeling – BIM) voraus, das die verschiedenen konstruktiven, funktionalen und technischen Zusammenhänge sowie auch die fertigungsbedingten Einschränkungen (Constraints) abbilden kann. Das BIM dient dann wiederum als datentechnische Basis für die spätere Fertigung.[21]

Zahlreiche Studien zeigen, dass es durch den verstärkten Einsatz und die Weiterentwicklung dieser integrierten BIM-Methodik möglich ist, einen erheblichen Mehrwert zu schaffen.[22] Untersuchungen in den USA weisen bei konsequentem BIM-Einsatz Einsparpotenziale bezüglich Zeit und Kosten von bis zu 50 Prozent nach und machen zudem deutlich, dass sich die Mehrkosten für eine unzureichende Interoperabilität bei Bauprojekten in den USA auf 4,3 Prozent der Gesamtkosten belaufen. Dies entspricht einem jährlichen Kostenfaktor von 15,8 Milliarden Dollar allein in den USA.[23]

Das Schlagwort »Virtual Engineering« bezeichnet die Entwicklung und Anwendung einer auf einem erweiterten BIM-Ansatz beruhenden modellbasierten Planungsmethodik. Gemeint ist damit allerdings nicht nur die Vernetzung der benutzten Software, auch die Schnittstelle zu digitalen Erfassungswerkzeugen sowie Ausgabe- und Visualisierungsmedien spielt dabei eine wichtige Rolle. Ziel ist es, einen durchgängigen Prozess vom realen Objektkontext zum virtuellen Planungsmodell sowie zur CAD-CAM-Kopplung beziehungsweise zum Rapid Prototyping (RP) zu schaffen.

In der baulichen Praxis hat sich dieser integrierte BIM-Ansatz zur Kopplung von Planung und Fertigung vor allem bei den größeren Generalunter- wie auch -übernehmern durchgesetzt, da diese aufgrund der hohen Durchgängigkeit der im eigenen Haus stattfindenden Prozesse einen großen Mehrwert abschöpfen können. Neben einer erheblichen Effizienzsteigerung und erhöhter Termin- und Kostensicherheit führt dies zudem zu einer wesentlichen Verbesserung der Produktqualität. Durch eine konsequente CAD-CAM-Ansteuerung der

*Weitere Aspekte der Vernetzung von Planungs-, Bau- und Fertigungsprozessen vgl. auch* » S. 21 *sowie Die Operationalität von Daten und Material* » S. 9, *Material, Information, Technologie* » S. 31, *Parametrische Entwurfssysteme* » S. 43, *Bauprozesse von morgen* » S. 126

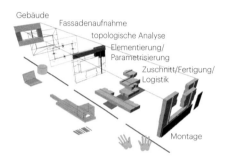

Gebäude
Fassadenaufnahme
topologische Analyse
Elementierung/
Parametrisierung
Zuschnitt/Fertigung/
Logistik
Montage

25|1 parametrische Planung als Basis der individuellen Skalierbarkeit

21

Both, Petra von: Integriertes Product Lifecycle Management. Strategien zur Bewerkstelligung einer durchgängigen Prozessintegration im Bauwesen. In: Verband deutscher Ingenieure (Hrsg.): VDI Jahrbuch 2008. Düsseldorf 2007

22

Maisberger Whiteoaks: Neue Geschäftspotenziale für Architekten und Ingenieure. Studie im Auftrag der Nemetschek AG. München 2005; wie Anm. 2

23

Gallaher, Michael P. u. a.: Cost Analysis of Inadequate Inter-Operability in the U.S. Capital Facilities Industry. Hrsg. von U.S. Department of Commerce, Technology Administration, National Institute of Standards and Technology. Gaithersburg, MD 2004

**24**

Schreyer Markus: BIM und Arbeitsprozesse in der Projektabwicklung. Möglichkeiten des Partnerings. Neumarkt 2008. http://www.building-smart.de/pdf/BIM-Anwendertag-Schreyer.pdf (abgerufen am 10.01.2011)

**26|1 und 26|2** Studentenprojekt einer **3-Achs-Low-Cost-Selbstbaufräse** am Karlsruher Institut für Technologie

**25**

Koch, Volker u. a.: One Mill per Student. Designing a Low Cost Prototype Mill for Architectural Use. In: Tagungsband zur 28. eCAADe Konferenz. Zürich 2010

Fertigungsmaschinen lassen sich im Stahlbau beispielsweise Toleranzen unter 0,1 Millimetern erreichen.[24]

Gerade bei qualitätskritischen Infrastrukturprojekten wie dem Bau von Schnellbahntrassen kann der Einsatz von CAD/CAM zum entscheidenden Wettbewerbsfaktor werden. Im Betonbau ermöglicht die genannte rechnergestützte Methodik eine sehr wirtschaftliche Fertigung komplexer individueller Geometrien. Im Bereich der parametrischen Freiformmodellierung können diese Methoden so beispielsweise die Umsetzung aktueller architektonischer Trends unterstützen.

## Ausblick: Low-Cost-Ansatz und On-Site-Fertigung

Die Verfahren der automatisierten Unikatfertigung bieten wie beschrieben erhebliche Potenziale zur Steigerung von Effizienz, Qualität und Kostensicherheit bei Hochbau- und Infrastrukturprojekten. Ergänzt durch den Einsatz neuer IT-gestützter Technologien und Methoden im Bereich der Planung, Arbeitsvorbereitung, Logistik und Bauausführung können damit erhebliche Verbesserungen über den gesamten Planungs- und Bauprozess erreicht werden.

Der durch das Produktionsverfahren bedingte Grad der Technisierung erfordert allerdings einen nicht zu unterschätzenden Investitionsaufwand, weshalb die Verfahren der CAD-CAM-Kopplung und des Rapid Prototyping bisher vor allem größeren Unternehmen offenstanden. Aufgrund der vorgestellten kleinteiligen Unternehmensstruktur der Baubranche ist deshalb ein weiterer Entwicklungs- und Forschungsaufwand erforderlich, um eine breite Wirkung dieses Ansatzes erreichen zu können. Bezug nehmend auf die bestehenden Investitionsmöglichkeiten der in den Bauprozess involvierten Akteure arbeitet das Fachgebiet für Building Lifecycle Management (BLM) des Karlsruher Instituts für Technologie an der Entwicklung eines Low-Cost-Ansatzes für den Bereich des Rapid Prototyping. Ein mit Studenten durchgeführtes Projekt zeigte beispielsweise, dass eine Low-Cost-3-Achsfräse mit einer selbst für den Architekturmodellbau ausreichenden Präzision inklusive Software bereits für unter 2000 Euro realisierbar ist (26|1 und 26|2).[25]

Generell ist zu erwarten, dass durch eine zukünftige Kostenreduktion sowie die deutlich gesteigerte technische Ausreifung von RP-Technologien vermehrt kleinere Unternehmen Zugang zu diesen Verfahren erhalten werden. Mit der Kostenreduktion und voraussichtlichen weiteren Verbreitung von RP-Anlagen sollte für die Zukunft auch überprüft werden, ob diese Anlagen beziehungsweise Geräte weiterhin werkstattgebunden im Betrieb platziert sein müssen oder aber als mobile Werkzeuge direkt vor Ort (On-Site) eingesetzt werden. Die Vorteile einer solchen Verlagerung auf die Baustelle sind offensichtlich: Die Transportlogistik vereinfacht sich deutlich, transportbedingte Schäden an Bauteilen lassen sich vermeiden und auf der Baustelle kann direkt und unmittelbar auf unvorhersehbare Ereignisse reagiert werden. Als besonders effektiv kann sich die Verlagerung von Produktionsprozessen auf die Baustelle dann erweisen, wenn ihnen ein präzises und schnelles 3-D-Messverfahren vorausgeht und in einer direkten Kombination von Aufmaß beziehungsweise Diagnose, Planung und Fertigung deutliche Zeiteinsparungen bei einer hohen Ausführungsqualität erreicht werden können.

Speziell in der baulichen Erneuerung unter Betrieb sind damit äußerst effektive Planungs- und Fertigungsprozesse mit einer minimalisierten Beeinträchtigung der Nutzer möglich. Wesentliche Vorteile hat ein solches Verfahren beispielsweise im Bereich der Modernisierung haustechnischer Installationen, da bei der Erneuerung unter Betrieb eine der Ausführung vorgelagerte Diagnose nicht direkt zugänglicher Wandschichten und technischer Systeme oft nicht möglich ist. Das Verfahren der On-Site-Erfassung und -Fertigung ermöglicht hier eine effiziente, problemgerechte ausführungsbegleitende Planung und Fertigung.

Dieser methodische Ansatz ist dabei nicht auf spezifische Bauaufgaben beschränkt, sondern auf verschiedene Szenarien und Baumaterialien anwendbar. Gemeinsam mit einem Baustoffhersteller wird derzeit an einer Weiterentwicklung des Konzepts mit dem Werkstoff Porenbeton gearbeitet.

Abbildung 27|1 zeigt das Prinzip der integrierten Erfassung, Planung und Fertigung für das Anwendungsszenario einer Fassadenrestauration im Denkmalschutz: Hier werden zuerst 3-D-Scandaten erfasst, ausgewertet und münden schließlich in Fertigungsdaten des wiederherzustellenden Frieselements. Die vor Ort vorhandene 3-Achs-Fräsmaschine erstellt passgenau den Nachbau, der dann direkt an der schadhaften Stelle eingefügt werden kann.

Die Verlagerung solcher Planungsleistungen auf die Baustelle beziehungsweise zu ausführenden Akteuren erfordert zukünftig neben technologischen Innovationen zudem ein Überdenken bestehender Ausschreibungs- und Vertragsstrukturen. Deshalb wird der Fokus weiterführender Forschungsarbeiten des BLM nicht nur auf der technologischen Ebene, sondern auch auf der Ebene der durch den Einsatz solcher Technologien veränderten Prozesse und organisatorischen Rahmenbedingungen liegen.

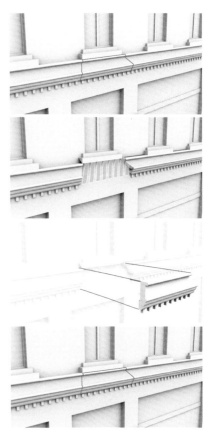

**27|1 automatisierte Restauration**: lasergestütztes Erfassen, Fertigen und Montieren

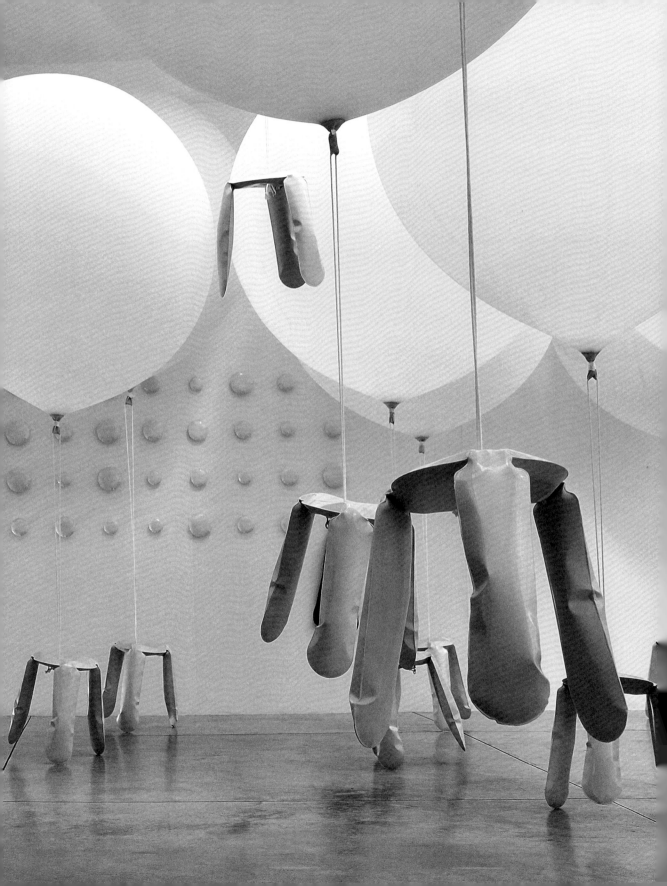

28|1 Der Aluhocker
**»Plopp«** ist so leicht,
dass er an einem
Heliumballon schwebt.
Ausstellung zur
Möbelmesse in Mailand 2011

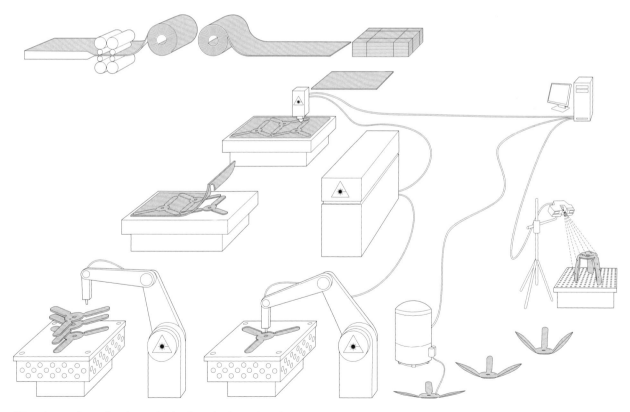

29|1 schematischer Aufbau der **Produktionskette** für den Hocker »Plopp«

# Material, Information, tion, Technologie – Optionen für die Zukunft

Text    Philipp Dohmen, Oskar Zieta

**Die Zukunft wird von unterschiedlichen Aspekten geprägt: einer Sensibiliät gegenüber Material- und Energieverschwendung, der zunehmenden Individualisierung der Gesellschaft sowie den Anforderungen unseres Informationszeitalter.** Wir werden weiterhin von Technologie abhängig sein, vielleicht sogar noch mehr, als das bisher der Fall ist. Es ist spannend zu sehen, wie es heute immer einfacher wird, Technologie und Information zusammenzubringen; die eigentliche Herausforderung liegt dabei im Material, das in-form-iert, also in Form gebracht werden muss. Solange die Information nur virtuell ist und nichts »in Form« bringt, ist sie wertlos. Verständnis für das Zusammenspiel der drei Begriffe Material, Information und Technologie entsteht über die damit verbundenen Prozesse; diese gilt es zu gestalten.

## Material

Das Material, das Oskar Zieta und Philipp Dohmen seit mehr als zehn Jahren zu »informieren« versuchen, ist Metall, genauer Blech. Blech ist ein wichtiger Baustoff, der sich im 20. Jahrhundert aufgrund industrieller Bearbeitungsverfahren in der Architektur besonders als Verkleidungsmaterial etabliert hat. Als gewalztes Halbzeug mit einer relativ geringen Stärke ist Blech ein weit verbreiteter Werkstoff, mit dem auf einem hohen technologischen Niveau präzise Produkte umgesetzt werden. Als Innovationsmotor für Forschung und Entwicklung gelten die Industriezweige des Maschinenbaus, insbesondere die Automobilindustrie. In diesen Branchen hat die Entwicklung computergesteuerter Bearbeitungsverfahren in den letzten 20 Jahre einen regelrechten Innovationsschub ausgelöst. Den materiellen Eigenarten von Blech kommt dabei eine besondere Bedeutung zu. So lässt sich das Material durch Umformungsprozesse in eine äußerst widerstandsfähige Form bringen, wodurch leichte und extrem stabile Konstruktionen entstehen. Metalle sind zwar gut recyclebar, als Ressource aber endlich. Sie werden sich daher im Lauf der Zeit zunehmend verteuern, weshalb ein wirtschaftlicher Materialeinsatz immer mehr an Bedeutung gewinnt – nicht zuletzt, um Energie zu sparen.

# Information

Die für den Prozess des Formens verwendete Information ist auf informationstechnologische Verfahren abgestimmt. Sie resultiert zum Teil aus Simulationen, größtenteils aber aus empirischen Untersuchungen. Information vermittelt immer einen Unterschied und verliert, sobald sie informiert hat, ihre Qualität. Das Wesentliche ist ihre Eigenschaft, Veränderungen im empfangenden System hervorzurufen. Unser Interesse besteht darin, mit Information verlustfrei Änderungen durch Prozesse hervorzurufen und diese so zu steuern, dass wir damit Dinge vom Virtuellen nahtlos in die Realität bringen. An der Professur für Computer-Aided Architectural Design (CAAD) von Prof. Ludger Hovestadt an der ETH Zürich wurden mehrere Jahre lang systematisch innovative industrielle Produktionsmethoden untersucht. Ziel der Forschungsarbeiten war die Entwicklung computerunterstützter Entwurfs- und Bauprozesse sowie die Digitalisierung der zugehörigen Schnittstellen. Der Computer ist in der Lage, Produktions- und Konstruktionsprozesse mit einer Vielzahl von Parametern zu bearbeiten und zu kontrollieren. Die daraus resultierende »digitale Kette« beschreibt einen unterbrechungsfreien digitalen Prozess vom Entwurf über die Konstruktion bis hin zur Produktion, der eine hohe entwerferische Freiheit ermöglicht. Informierte Produktionsformen aus Blech erlauben einerseits komplexere Konstruktionen und andererseits deutlich kleinere Serien – bis hin zur sogenannten One-of-a-Kind Production. Insbesondere diese Entwicklung ist für die Architektur interessant, bietet sie doch die Möglichkeit einer industriellen und preiswerten Herstellung von Bauelementen. Bereits heute profitiert die Architektur von CNC-Verbindungs- und Konstruktionslösungen aus dem Bereich des Maschinenbaus, die in einen architektonischen Maßstab übertragen und neu interpretiert werden. Diese neuen technischen Möglichkeiten fließen auch in die derzeitige Entwicklung freier Formen im Bauwesen ein.

31|1 Die **Laserschweißanlage** bearbeitet eine 9 Meter lange Schweißnaht in 45 Sekunden, FiDU-Element für das Projekt »SeaHorse«
31|2 **Laserschweißroboter** für FiDU-Elemente

*Weitere Aspekte der Vernetzung von Planungs-, Bau- und Fertigungsprozessen vgl. Die Operationalität von Daten und Material » S. 9, Industrialisierung versus Individualisierung » S. 21, 25, Parametrische Entwurfssysteme » S. 43, Bauprozesse von morgen » S. 126*

Computerized Numerical Control (CNC) *Die »computergestützte numerische Steuerung« ist eine elektronisch basierte Methode zur Steuerung und Regelung von Werkzeugmaschinen. Damit lassen sich mehrere Bearbeitungsschritte an einem Werkstück durch programmierbare Werkzeugbewegungen durchführen. Mit CNC-Maschinen sind eine große Fertigungsgenauigkeit sowie eine hohe Fertigungsgeschwindigkeit möglich.*

**32|1** Detail des **Pavillons SxM**, bestehend aus
N- und Z-förmigen, automatisch generierten
Blechelementen

**32|2** Der **SxM-Pavillon** war das erste Projekt im
Sinn einer digitalen Kette, entwickelt und gebaut
2001 von Nachdiplomstudenten des Lehrstuhls
CAAD an der ETH Zürich.

# Technologie

Die bei der Blechbearbeitung zum Einsatz kommende Technologie ist eine Zusammenstellung von Bearbeitungsmethoden, deren Fokus auf der Flexibilität liegt – und zwar bezüglich der drei Hauptbearbeitungsschritte Trennen, Fügen, Verformen.

Das erste Objekt oder besser Produkt der Auseinandersetzung mit verschiedenen Bearbeitungsmethoden ergab 2001 einen Pavillon (32|1 und 32|2). Dieses gebaute Manifest berief sich auf die konsequente Ausreizung einer Maschine, die Unikate fertigen kann: den Laserschneider. Der Laser ist eine werkzeug- und berührungslose, sehr gut zu informierende Trennmethode. Laserschneiden ermöglicht nahezu jede Kontur, auch filigrane und komplizierte Formen aus Dünnblech bis zu 30 Millimeter dicken, groben Blechen (31|1). Der Laser ist damit das perfekte Werkzeug für Unikate und Kleinserien bis zu 10 000 Stück pro Jahr. Da die Technologie ständig weiterentwickelt wird, sinken die Kosten dafür laufend, die Schnittmeterminute wird also zunehmend günstiger und somit attraktiver. Diese Entwicklung ist vergleichbar mit dem Sprung von der Druckmaschine zum Laserdrucker. Während eine Druckmaschine durch die hohen Initialkosten erst bei hohen Stückzahlen wirklich rentabel arbeitet, sind die Initialkosten beim Laserdrucker gleich null und jede Seite, auch wenn sie unterschiedlich bedruckt ist, kostet gleich viel. So ist es beim Laser über die automatisierte Ansteuerung gleichgültig, ob er 100 verschiedene oder 100 gleiche Teile ausschneidet. Im Fall des Pavillons waren es etwa 500 verschiedene Teile und allein ein Blick auf die 500 Schnittmuster (37|2) überzeugt, dass es sinnvoller ist, einen solchen Prozess zu automatisieren, da eine manuelle Bearbeitung schnell zu einem Kontrollverlust führen würde. Um die Einzelteile zu steuern, wurde ein Programm entwickelt, das diese auf Knopfdruck abgewickelt darstellen kann. Diese Schnittmuster wurden dann in Blech übersetzt. Das recht simple Stecksystem des Pavillons beweist, dass sich auf diese Weise eine gerade Fläche ebenso wie eine doppelt gekrümmte Fläche und eine Ecke in einem System lösen lassen. Das Ergebnis war eine verformte Röhre mit 4 Metern Länge und 3 Metern Durchmesser – das erste architektonische Projekt überhaupt, das im Sinn einer durchgängigen digitalen Kette gebaut wurde.

Für das Fügen kommt vorzugsweise ebenfalls der Laser zum Einsatz, in diesem Fall zum Schweißen, was eine etwas andere Handhabe bedeutet (31|2). Das neben dem WIG- und CMT-Schweißen meistens verwendete Wärmeleitschweißen liefert bei hoher Geschwindigkeit schlanke Nähte mit wenig Verzug. Als CNC-Fügewerkzeug ist es für diese Anwendung die perfekte Methode: Es ist werkzeug- und berührungslos und eignet sich ideal für Unikate und Kleinserien.

Lange haben wir verschiedene Möglichkeiten der Umformung getestet und in der Fortführung der experimentell-technologischen Auseinandersetzung mit dem Material systematisch komplexe Deformationsprozesse untersucht. Traditionell erfolgt das Umformen durch Tiefzieh- und Biegemaschinen. Mit universalen Umformwerkzeugen sind allerdings lediglich lineare Deformationen möglich, zudem lassen sich geschlossene Profile nur schwer herstellen. Ziel war die Entwicklung von Praktiken, die die konstruktiven und funktionalen Prozesse der Blechbearbeitung auf das Wesentliche minimieren. Ein solcher Prozess der Deformation ist die sogenannte Innenhochdruck-Umformung (IHU). Bei dieser ursprünglich in der Automobilindustrie entwickelten Methode werden Rohre unter hohem Druck in eine Form gepresst. Allerdings hängt die Größe der zu produzierenden Teile wesentlich auch von den Werkzeugabmessungen ab. Architektonisch verwendbare, also geschosshohe Elemente, sind damit fast unmöglich herzustellen. Die Verformung mit extrem hohen Drücken von bis zu 12 000 Bar ist sehr energieaufwendig, zudem gibt es in Europa nur wenige Produktionsstandorte. Die anfallenden Werkzeugkosten erreichen dabei schnell einen Millionenbetrag, der sich in der Regel erst über große Stückzahlen amortisiert. Für den Einsatz im Architektur- und Designbereich bedeutet das allerdings ein Ausschlusskriterium, da im Bauwesen 1000 gleiche Elemente schon als hohe Stückzahl gelten, sich die Kosten damit aber nie amortisieren.

Die technologische Weiterentwicklung dieser Methode gelang durch »einen Schritt zurück«. Mangels Zugang zu IHU-Fertigungsbetrieben und aus Kostengründen wurden zwei Dinge weggelassen: der hohe Druck und das aufwendige Werkzeug. Die dadurch entstandene Methode, die sogenannte Freie-Innen-Druck-Umformung (FiDU), bietet den Vorteil, bei der Blechbearbeitung ganz ohne Werkzeuge auszukommen. Nur die Geometrie des Zuschnitts, der Werkstoff, die Materialdicke und der verwendete Innendruck steuern die Formgebung. Zuerst werden die Konturen der Bleche mit dem Laser ausgeschnitten, dann zwei dicht aufeinanderliegende Bleche an der Kante verschweißt. Die Bewegungsabläufe des Roboters werden dabei direkt über den Computer gesteuert. Das anschließende Aufblasen der zusammengeschweißten Konturen erfolgt über das Einleiten von Wasser oder Luft in den Zwischenraum. Die Dauer und der Druck zwischen 0,2 und 50 Bar bestimmen, wie weit sich die Bleche deformieren. Nach Ablassen des Drucks bleibt die einmal erreichte Form erhalten. Sie ist bei gleichbleibendem Materialaufwand um ein Vielfaches stabiler als vergleichbare Formen aus gekanteten Blechen. In Belastungstests wurden alle statischen Voraussagen weit übertroffen (33|1).

Mit der Methode lassen sich neben Stahlblech zum Beispiel auch Messing, Kupfer und Aluminium verarbeiten und verformen. Das Potenzial von Alu zur Herstellung ultraleichter Konstruktionen ist natürlich nochmals höher. Bei bereits umgesetzten FiDU-Elementen aus Aluminium irritiert beim Anheben die starke Abweichung von der üblichen Erfahrung zum Verhältnis von Masse und Gewicht von Objekten (34|2).

33|1 **FiDU-Brücke** vor dem Belastungstest in der Versuchshalle der ETH Zürich

*Ein eindrucksvoller* Belastungstest *wurde mit einer 6 Meter langen Brücke aus 1 Millimeter dickem Stahlblech* (33|1) *durchgeführt. Bei einem Eigengewicht von nur 170 Kilogramm trauten ihr die Statiker und Bauingenieure maximale Lasten von höchsten 300 Kilogramm zu. Bei 1,8 Tonnen gab die Brücke schließlich nach; deutlich erkennbar angekündigt und langsam, wie es beim Versagen von Tragwerken wünschenswert ist. Das Verhältnis von Eigengewicht zu Tragfähigkeit lag also bei mehr als 1:10 und damit trotz des profanen und günstigen Materials im Bereich von Ultraleichtkonstruktionen.*

34|1 **Scan eines FiDU-Elements**, um prozessbedingte Abweichungen zu ermitteln. In diesem Fall liegt die maximale Abweichung bei 0,6 Millimeter.

34|2 3 Meter langes **FiDU-Element**, das drei Punkte im Raum verbindet und weniger als 20 Kilogramm wiegt.

Die beiden Schritte Laserschneiden und -schweißen gelten als hochpräzise, deshalb führten Vorbehalte, ob die Genauigkeit durch das Aufblasen nicht gänzlich verloren gehe, zu einem Projekt mit vielen gleichen und extrem präzisen Teilen. Der 4 Meter große FiDU-Fußball, passend zur EM 2008 in der Schweiz vorgestellt, besteht als abgestumpftes Ikosaeder aus 90 Kanten (38|1). Jede Abweichung im Millimeterbereich hätte in der Addition dazu geführt, dass es nicht möglich gewesen wäre, das Gebilde zu schließen. Mittlerweile wurden in wissenschaftlichen Untersuchungen Serien von 100 Objekten vermessen, die sich nur im Bereich von einem halben Millimeter unterscheiden (34|1). Ein vermeintlich ungenaues formgebendes Verfahren ist somit präzise genug, um für Serien tauglich zu sein – und damit auf das Bauwesen bezogen schon mehr als ausreichend genau.

FiDU ist eine Bearbeitungsmethode, die die Freiheiten und das Potenzial des Laserschneidens und -schweißens konsequent auch in den Umformungsprozess fortführt – das Ergebnis sind stabile und präzise Elemente. Zudem ermöglicht die Methode auch nicht lineare und komplexe Deformationen. Die auf die Eigenarten von Blech abgestimmten Verformungen führen zu einer bislang nicht mit dem Material in Verbindung gebrachten Formensprache und eröffnen der Architektur damit eine völlig neue Perspektive auf den Werkstoff. In verschiedenen Experimenten wurden sowohl das Spektrum an Bearbeitungstechnologien als auch die physikalischen Eigenschaften des Materials untersucht. Die Regeln der Umformung wurden detailliert erforscht und die Erkenntnisse in den Entwurfsprozess integriert. Entscheidend ist, die Parameter der Materialbearbeitung beim Ausschneiden und Aufblasen des Materials so zu wählen, dass die endgültige Form exakt der Entwurfsidee entspricht. Und die »Matrize« ist dabei nur Luft. Beherrscht man die Parameter, erweitert FiDU die Reihe der werkzeug- und berührungslosen Technologien für Unikate und Kleinserien.

Für die Zukunft bedeutet das, dass sich sehr einfach individuelle, aber komplexe Elemente herstellen lassen, die leicht und zugleich stabil sind, wodurch Material und Energie gespart werden. Das »Aber«, das solchen Aussagen unweigerlich folgt: Dies gelingt allerdings nur, wenn man sich in der Semantik des FiDU-Alphabets bewegt.

## Das FiDU-Alphabet

Unsere Forschung zielte auf die zu produzierende Stückzahl eins ab. Die IHU war dafür zwar unerschwinglich, aber die Idee, etwas von innen her umzuformen, blieb sehr reizvoll. Die ersten FiDU-Experimente waren verblüffend. Mehrere Millimeter dicke Edelstahlbleche wurden nur durch Wasserdruck in erstaunliche knautschige Kissen verwandelt. Nach der Produktion vieler solcher Kissen sprachen böse Zungen von »verbogenem Schrott«, einige Experimente zeigten aber erstaunlich präzise Knicke und Wölbungen, die wiederkehrend waren und zu gleichmäßigen, symmetrischen Elementen führten. Da sich nirgends eine Regel ableiten ließ, keine Literatur und keine Referenzen zu solchen Verformungen verfügbar waren, hieß es im Sinn von Learning by Doing erst einmal alle nur möglichen Fehler zu machen, um daraus zu lernen. In vielen Kursen und etlichen Experimenten bauten wir eine Datenbank von Verformungsregeln auf, die aus den Objekten ableitbar waren. Diese Sammlung von Formregeln bezeichnen wir als das FiDU-Alphabet. Es enthält Buchstaben für einzelne Aspekte, wie sich eine zweidimensionale Form durch den Einfluss von Innendruck dreidimensional verhalten wird. Durch Aneinanderreihung der Buchstaben entstehen Wörter, deren Kombination wiederum Sätze ergeben. In den Kursen an der ETH Zürich erforderte dies ein Umdenken bei den Studenten. Das Erlernen von Buchstaben, um etwas auszusagen, entsprach so gar nicht deren Gestaltungswillen, jedoch war das Blech unnachgiebig und verformte sich immer nur nach diesen mit Buchstaben bezeichneten Regeln. Es ist wie in der Sprache – wer die Regeln beherrscht und die Buchstaben virtuos aneinanderreiht, ist in der Lage, damit ein Gedicht zu verfassen. Und wer möchte abstreiten, dass Dichten nicht kreatives Gestalten ist.

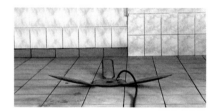

35|1 Stuhl »**Chippensteel**«

## Die ersten drei Buchstaben: Plopp

Ein erfolgreiches Gedicht aus dem FiDU-Alphabet ist sicherlich der Hocker »Plopp« (28|1 und 29|1). Er besteht nur aus drei Buchstaben, also drei Regeln. Kurz gefasst, besagt der erste Buchstabe P: Runde Formen lassen sich gleichmäßig aufblasen, spitze Winkel eher nicht. Der Buchstabe L steht für das praktische Griffloch in der Mitte des Hockers, mit dem dieser sich bequem greifen lässt. Zum Sitzen eignen sich Hocker ja nur bedingt, wobei es durchaus interessant ist, die unerwartet bequeme Sitzfläche des »Plopp« einmal zu erfahren – beziehungsweise zu ersitzen. Weiter besagt die Regel, dass Dinge sich gleich weit aufblasen lassen, wenn sie die gleiche Breite haben, somit sind die Beine so breit wie der Ring der Sitzfläche. Dadurch ergeben sich auf allen Seiten die bauchigen Wölbungen. Die Regel O steht dann für das letztlich Komplexe an diesem einfachen Möbel: der Knick. Sie besagt, dass die Konturen an der Stelle verjüngt werden müssen, an der ein Knick entstehen soll. Die Radien, die diese Verjüngung beschreiben, führen zu den wiederkehrend genauen Knicken, die das eigentliche Geheimnis des »Plopp« sind. Bei der Verformung bewegen sich durch die Verkürzung an der inneren Faltung alle Beine, bis sie fast 70 Grad geneigt sind (35|2). Der Knick selbst ist so genau, dass sich jedes Mal eine präzise Nase bildet, die in die Verwerfung an der gegenüberliegenden Seite passt und so die außergewöhnliche Stabilität garantiert (38|2). Während des Aufblasprozesses bilden sich die präzisen Verwerfungen der Sitzfläche, und die Beine erhalten ihre bauchige Form. Stabil sind diese bereits so, trotzdem wird der Druck

35|2 **Aufblasprozess** des Hockers »Plopp«

**37|1 erster aufblasbarer Stahl-
träger** auf der Rolle, in limitierter
Auflage als Designobjekt

**36|1 FiDU-Team**
bei der Arbeit

**37|2** Liste aller **Elemente des SxM-Pavillons**

38|1 Der **FiDU-Fußball**, bestehend aus 90 Teilen, wurde zur Fußball-EM 2008 präsentiert.

38|2 Hocker »Plopp« beim **Belastungstest**. Mit einer Tragkraft von 2,5 Tonnen sind die Nutzungsanforderungen mehr als erfüllt.

noch ein wenig erhöht, wodurch sich eine Knitteroptik an den Beinen bildet. Dies ist zwar statisch nicht nötig, aber sie ist ein Gestaltungsmerkmal, das den Formungsprozess versinnbildlicht. In dieser klaren Ablesbarkeit der Produktionsmethode, kombiniert mit einem Material, das man normalerweise nicht mit Aufblasen verbindet, liegt unserer Meinung nach der Reiz dieses Möbels. Bei dem Hocker »Plopp« kommt vielleicht auch noch hinzu, dass seine Herstellung gut nachvollziehbar ist. Jeder, der schon einmal einen Schwimmreifen aufgeblasen hat, kennt die Verfahrensweise. Möglicherweise wirkt ein solches Objekt in einer immer komplexer werdenden Welt, in der uns so viele Dinge umgeben, deren Herstellung wir nicht verstehen, einfach nur sympathisch: hundertprozentige Materialechtheit und authentische, nachvollziehbare Formgebung – und trotzdem ein für das Material ungewöhnliches Erscheinungsbild.

DIN 8550 definiert das Beulen und Knittern von Blech als Fehler. Als Nicht-Maschinenbauer und in völliger Unkenntnis dieser Norm haben wir das Potenzial dieser »Mängel« als Stabilisierungsmethode und neue Formensprache entdeckt – auch intensives Fehlermachen kann manchmal durchaus zum Erfolg führen.

Beim »Salone Internazionale del Mobile« 2007 in Mailand bot sich die Gelegenheit, den »Plopp« der Öffentlichkeit zu präsentieren. Also stand der Hocker auf der weltgrößten Möbelmesse auf einem Podest, umringt von vielen Blechexponaten, die seinen Werdegang beschreiben sollten, und versteckte sein Inneres hinter einer babyblauen Lackierung, die deutlich an einen Trabant erinnerte. Die Besucher machten erstaunte Gesichter, wenn sie im Vorbeigehen den »Plastikhocker« anfassten und dann seine Haptik und Optik so gar nicht in Übereinstimmung bringen konnten. Ein erstaunlicher Effekt – die mit Weichheit und Plastik assoziierte Farbe und Formensprache, kombiniert mit dem haptischen Feedback von Metall, bescherten uns eine Aufmerksamkeit, die alle Erwartungen übertraf und dazu führte, den »Plopp« auch wirklich produzieren zu wollen. Da sich niemand dazu bereit erklärte, ein Möbel mit einer solch seltsamen Produktionsweise herzustellen, führte dies letztlich dazu, dass Oskar Zieta seitdem nicht nur als wissenschaftlicher Mitarbeiter an der ETH tätig ist, sondern auch als Produzent und Unternehmer in seiner polnischen Heimat. Dadurch ergibt sich die komfortable Position, die drei Bereiche Produktion, Forschung und Entwicklung stark besetzen und voneinander profitieren lassen zu können. Die Produktionsstätte in Zielona Gora beschäftigt mittlerweile 15 Angestellte und ist maschinell und personell darauf ausgerichtet, FiDU-Elemente professionell und günstig auch in großen Mengen herzustellen. Die Entwicklung in Zürich wird unterstützt von einem Büro in Breslau, das auch den Vertrieb organisiert. Und für alle neuen und zukünftigen Aufgaben biete das Forschungsinstitut an der ETH Zürich prominente Unterstützung und sorgt für eine fachübergreifend Vernetzung vom Maschinenbau bis zur Materialforschung.

# Inspiration aus der Natur

In der Natur wird nichts verschwendet. Dass wir uns dies zum Vorbild nehmen und effektiv mit Material und Energie umgehen, ist für die Zukunft unumgänglich. Alle Vorgänge in der Natur laufen mit minimalem Materialeinsatz und geringen Temperaturen ab, und trotzdem entstehen unvergleichlich stabile und effiziente Konstruktionen, deren Formen unser ästhetisches Empfinden ansprechen. Betrachtet man Inhalt, Stabilität und Materialeinsatz, ist ein Ei wahrscheinlich immer noch die beste Verpackung der Welt. Kalkstrukturen von Algen, auf maximale Stabilität bei geringem Gewicht optimiert, erscheinen wie gestaltete Sakralbauten. In gewisser Weise sind wir vielleicht in der Lage, gute, sparsame Konstruktionen zu erkennen und diese »schön« zu finden (39|1). Die Untersuchung dieser Zusammenhänge steht noch ganz am Anfang, aber möglicherweise weist das Gefallen von FiDU-Produkten auf eine interessante Schnittstelle von Naturästhetik und Ästhetik künstlicher Formen hin.

Einen Erklärungsansatz bietet vielleicht die Konstante, dass alles einem größtmöglich ungeordneten Zustand und einem kleinstmöglich energetischen Niveau zustrebt. So hängt eine Kette zwischen zwei Punkten schlaff durch und nimmt unter Einfluss der Schwerkraft ein energiearmes Niveau ein. Wird diese Form umgedreht, entsteht eine ideale Form zur Abtragung entgegengesetzter Kräfte. Antoni Gaudí hat auf diese Weise die Statik seiner »Sagrada Família« in Barcelona optimiert (39|2). Bei der Umformung mit FiDU zwängen und strecken wir das Material nicht, die Verformung tritt dort auf, wo das Material am einfachsten ausweichen kann. Ohne Matrize oder formgebendes Werkzeug ergibt sich eine Form, die sich im Umkehrfall bei Belastung erstaunlich stabil verhält. Auch hier beginnen wir erst, die Zusammenhänge zu verstehen.

Doch schon heute verstehen wir uns darauf, FiDU-Objekte in einer Formensprache zu entwerfen, die von der Natur inspiriert ist. Querschnittsvergrößerungen dort einzuplanen, wo Widerstandsfähigkeit nötig ist, und Querschnittsverringerungen an den Stellen, an denen die Struktur wenig beansprucht wird, ist eine Vorgehensweise, die sich aus der FiDU-Methode ergibt. Erstaunlicherweise korrespondiert dies oft sehr gut mit den Regeln des FiDU-Alphabets. Dies führt dazu, dass der »Standard« durch FiDU eigentlich neu definiert werden muss. Da wir nicht an Halbzeuge wie Rohre und Träger gebunden sind, limitieren nur die Blechformate ein Standardprodukt mit FiDU – und Bleche gibt es als Coil mit 0,8 Millimetern Stärke und bis zu 4 Kilometern Länge. So lassen sich problemlos mehrere Punkte im Raum mittels eines einzelnen Elements mit wechselnden Querschnitten verbinden. Der 2010 für Architonic entstandene Messestand verdeutlicht dieses Potenzial.

Bei FiDU-Elementen spielen Querschnittsveränderungen für den Prozess keine Rolle, wodurch Formen, an denen sich die auftretenden Belastungen ablesen lassen, problemlos möglich sind. In Analogie zu Knochen

**39|1** **Alge der Coccolithophoriden** als Beispiel für eine bionische Struktur, die unser ästhetisches Empfinden anspricht

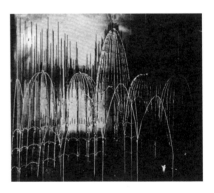

**39|2** umgedrehtes hängendes **Kettenmodell** von Antoni Gaudís Kirche »Sagrada Família« in Barcelona

ergibt sich nicht nur eine aus der Biologie inspirierte Formensprache, sie bietet auch die Möglichkeit, Material und Konstruktion einzusparen, wo diese nicht notwendig sind.

## Das zweidimensionale Potenzial

Der Prozess des Aufblasens ist im Grunde sehr einfach, es ist nichts weiter dazu erforderlich als ein expandierendes Medium – meistens Wasser oder Luft, es laufen derzeit aber auch Experimente mit expansiven Schäumen. Dadurch, dass der Prozess so einfach ist, kann er an den Einsatzort verlagert werden, was den Vorteil mit sich bringt, die Elemente flach transportieren zu können. Für eine Ausstellung in Kopenhagen sollte beispielsweise eine 3 x 4 Meter große Struktur entstehen (41|2). Da das Aufblasen vor Ort stattfand, konnte diese – sehr zum Erstaunen der Ausstellungsmacher – problemlos inklusive vier Personen in einem Campingbus verstaut werden.

Noch größere Elemente wurden erfolgreich für das London Design Festival im Innenhof des Victoria and Albert Museum realisiert (40|1). Die 30 Meter langen Bögen waren aufgrund des erschwerten Zugangs vorab aufgerollt und wickelten sich durch den Aufblasvorgang eigenständig ab. Diese Größe schießt deutlich über den architekturrelevanten Maßstab hinaus, bietet jedoch interessante Ideen für Großstrukturen wie Windkraftanlagen (41|1) und Masten von Überlandleitungen. Überall dort, wo der Transport enge Grenzen setzt und die Arbeiten am Einsatzort möglichst einfach gestaltet sein müssen, sehen wir ein Potenzial – sei es nun in der Raumfahrt oder im Bergbau.

## Das »hohle« Potenzial

FiDU-Elemente sind produktionsbedingt Hohlkörper, der Innendruck wird allerdings nach der Verformung wieder abgelassen. Das führt zu einer weiteren spannenden Möglichkeit für diese Elemente: adaptive Tragwerke. Große Elemente verformen sich bereits mit geringen Drücken von weniger als einem halben Bar. Wenn man den Druck nach der Verformung beibehält, bedeutet ein halbes Bar aber, dass pro Quadratmeter 5 Tonnen dem Einbeulen entgegenwirken. Es gibt verwandte Technologien wie die Tensairity, die durch Luftkissen mit geringem Überdruck stabile Tragwerke ausbildet. Durch Druckbeaufschlagung lässt sich die Tragfähigkeit von FiDU-Elementen nahezu verdoppeln. Dadurch ist es möglich, auf Belastungen zu reagieren, Systeme auf die Gebrauchstauglichkeit hin zu optimieren und Extremereignissen durch Druckerhöhung zu begegnen. Eine Einsatzmöglichkeit sind Elektrofahrzeuge, bei denen ja aufgrund der geringen Kapazität und des hohen Gewichts der Batterien das Gesamtgewicht einen entscheidenden Faktor darstellt. Hier könnte die Struktur auf den Betrieb ausgelegt und bei

**40|1** 30 Meter lange **aufblasbare Stahlträger** für eine Installation im Victoria and Albert Museum in London. Ihre Breite wurde von den Türbreiten im Museum bestimmt. Der Aufbau erfolgte durch Einleiten von Druckluft, wodurch sich die Elemente abrollten und entfalteten.

**Material, Information, Technologie – Optionen für die Zukunft**

einem Crash dann, ähnlich einem Airbag, kurzfristig mithilfe eines Gasgenerators steif gemacht werden. Eine ähnliche Anwendung sind von uns patentierte Leitplanken aus FiDU-Elementen. Die dünnwandigen FiDU-Hohlkörper sind per se schon extrem leistungsfähig, was Material einspart, das im Fall einer Leitplanke die meiste Zeit ja nicht benötigt wird. Erst wenn jemand in die Begrenzung fährt, ist seine Rückhalte- und Energieabbaufunktion gefordert. Die dünnen Bleche weisen ein gutes Ansprechverhalten und eine hohe Anfangsverformbarkeit auf und sorgen somit für einen effizienten Energieabbau. Durch eine Innendruckerhöhung mittels Gasgeneratoren lässt sich wie beim Airbag die Steifigkeit gezielt erhöhen und das Fahrzeug abfangen. Das Auslösen eines Gasgenerators könnte zusätzlich mit Sensoren verbunden und dazu genutzt zu werden, Unfallorte zu detektieren und diese an eine Leitstelle zu senden.

Für konstruktive Anwendungen ergeben sich mit FiDU-Elementen also viele neue und spannende Möglichkeiten. Dass sie bisher vor allem im Designbereich stark vertreten sind, hat natürlich mit der überschaubaren Größe eines Möbels im Gegensatz zu einer Fassade zu tun. Der Vorteil besteht darin, dass im Kleinen eigentlich alles – Produktionsschritte, Verarbeitungsmethoden und Statik, sogar die dynamische in unterschiedlichsten Belastungen – schon gelöst sein muss; die Ergebnisse sind dann beliebig skalierbar. Viele von den mittlerweile gefundenen FiDU-Regeln warten noch auf ihre zukünftige Skalierung.

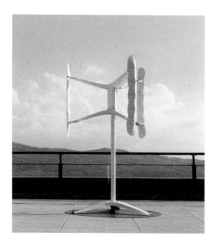

41|1 **Low-Cost-Windturbine** aus FiDU-Elementen als Vertikaldreher mit aerodynamischem Profil. Die Elemente sind leichter, stabiler und deutlich günstiger als bisherige Flügel.

41|2 aus FiDU-Elementen zusammengesetzte **Struktur »SeaHorse«**

# Parametrische Entwurfssysteme – eine Positionsbestimmung aus Sicht des Entwerfers

Text  Nils Fischer

*Als* Blob-Architektur, *Nicht-Standard-Architektur oder Freiform-Architektur werden Bauten und Entwürfe bezeichnet, die komplexe, fließende, oft gerundete und biomorphe Formen aufweisen, die auf Freiformkurven (Splines) beruhen und erst durch moderne Entwurfssoftware für Architekten denkbar werden. Einer der Vorreiter der Blob-Architektur war der amerikanische Architekt* Greg Lynn.

nach: Hauschild, Moritz; Karzel, Rüdiger: Digitale Prozesse. München 2010, S. 105

**Wo stehen wir heute, fast zwei Jahrzehnte nach der Heimsuchung durch den Lynn'schen Blob? Eigentlich da, wo wir schon immer waren. Denn: Im Prinzip hat sich seit Menschengedenken jede Generation von Architekten ihren eigenen Referenzrahmen gesucht. Entwerfer hatten schon immer den Anspruch, ihre Arbeit in einen systematischen Kontext zu stellen, dabei etwas weiterzuentwickeln, neue Bezüge zu Gesellschaft und Umwelt herzustellen, Relevanz zu erzeugen.** Umgekehrt war das differenzierende Moment zwischen Architektur und bildender Kunst schon immer die Notwendigkeit, auch recht profanen Kriterien wie Nutzbarkeit, Umsetzbarkeit und Standfestigkeit Genüge zu tun und das auch systematisch darzulegen und demonstrieren zu können – oder zu verkaufen.

So gesehen ist der Entwurf im System nichts Neues, sondern etwas Grundlegendes, das wie die Architektur selbst permanent neu definiert und neu interpretiert wird. Allerdings – und darüber lohnt es sich durchaus zu schreiben – gibt es für jede Generation von Architekten unterschiedlichste Einflüsse auf die Systematisierung des Entwurfsprozesses: Das für meine Generation entscheidende Moment auf dieser Suche nach Referenz war und ist die Verfügbarkeit des Computers auf breiter Front und die damit einhergehenden neuen Möglichkeiten, die binnen 15–20 Jahren zu einer weitreichenden Umwälzung nicht nur des Darstellungs- und Produktions-, sondern auch Entwurfsprozesses geführt haben.

## Status quo

Wir können heutzutage mithilfe des Computers nicht nur Formen erzeugen und visualisieren, die vor nicht allzu langer Zeit nur schwer greif- und beschreibbar gewesen wären, wir können mittlerweile als Architekten auch im Rahmen der Zeit- und Kostenzwänge des Bauprozesses immer komplexere Formen und Geometrien beschreiben, rationalisieren und konstruktiv wie wirtschaftlich darstellen.

Parametrisches Entwerfen ist ein in diesem Zusammenhang häufig verwendetes Schlagwort, dem das Versprechen des vollständig verknüpften Planungsprozesses innewohnt: An die Stelle der sequenziellen Niederlegung von Planungsentscheidungen in fixiertem Zustand und linear darauf aufbauenden Verfeinerungen tritt die dynamische Notation der Entscheidungsprozesse und -kriterien in einem bidirektionalen Rechnermodell (45|5) – idealerweise vom Konzeptgedanken bis hin zur Fertigung – mit der Ambition, den Planungsprozess komplett zu parallelisieren und dem Entwerfer bis zum Baubeginn die völlige Freiheit zur Manipulation des Entwurfs zu geben.

*Weitere Aspekte der Vernetzung von Planungs-, Bau- und Fertigungsprozessen vgl. Die Operationalität von Daten und Material » S. 9, Industrialisierung versus Individualisierung » S. 21, 25, Material, Information, Technologie » S. 31, Bauprozesse von morgen » S. 126*

*Zur Reichweite der Individualisierungstendenzen vgl. » S. 52 sowie Die Operationalität von Daten und Material » S. 15, Industrialisierung versus Individualisierung » S. 24, Bauprozesse von morgen » S. 128*

## Die Unruhe des Entwerfers und das Versprechen totaler Flexibilität

Dieses Versprechen kommt dem Streben des Entwerfers, der sich fortwährend auf der Suche nach einer immer noch besseren Lösung befindet, sehr entgegen, und tatsächlich besteht in der Praxis eine starke Korrelation zwischen der Anzahl der Iterationen über ein Entwurfsthema und der Qualität des Resultats. Von der Einlösung dieses Versprechens sind wir jedoch noch recht weit entfernt, die vollständige Integration des Planungsprozesses in ein homogenes System ist ein oft postulierter, aber bisher nicht erfüllter Vorsatz: Es geht hierbei nämlich nicht nur um Softwareumgebungen und Schnittstellen zu Fachplanern und Herstellern, sondern auch um Dinge wie Haftungsbeschränkungen, Abgrenzung von disziplinären Verantwortlichkeiten und rechtliche Darstellbarkeit von Ausschreibungsprozessen, bei denen die Parallelisierung des Planungsprozesses, die im Idealfall eine Einbeziehung der Werkplanung in den Vorentwurf bedeutet, an rechtliche und wettbewerbliche Grenzen stößt.

**43|1 Station der Nordkettenbahn**, Innsbruck (A) 2007, Zaha Hadid Architects

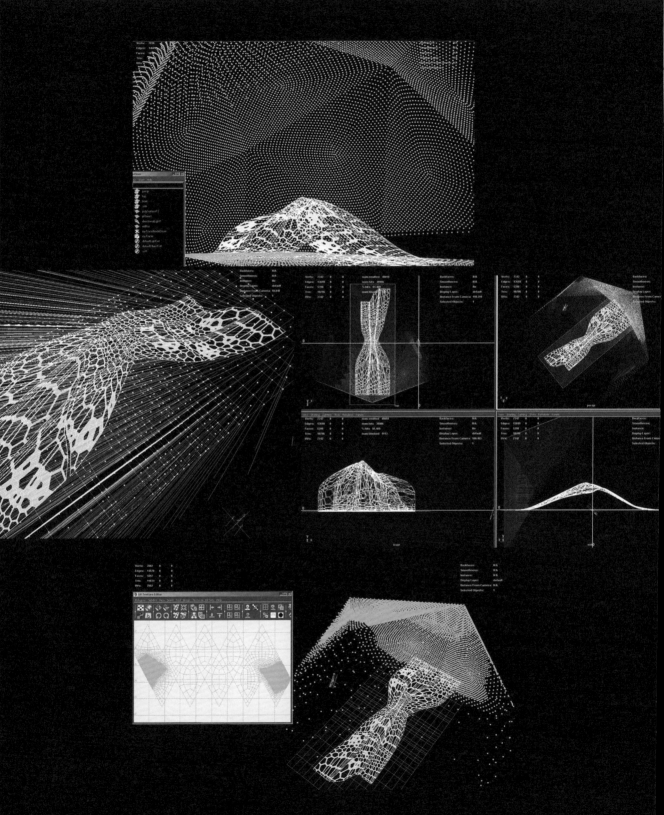

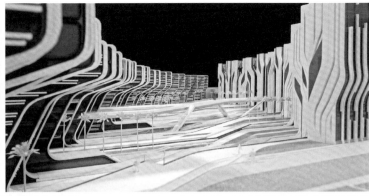

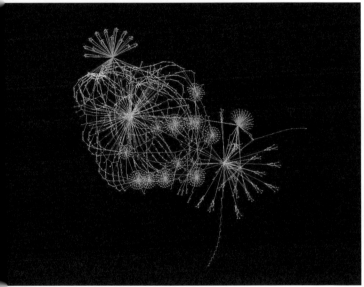

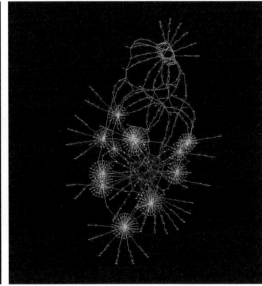

5|1 Die formalen Prinzipien
parametristischen Designs sind
maßstabsunabhängig. **Zaha Hadid
Footwear für Lacoste**, 2009

5|2 ornamentierte Oberfläche,
**Cairo Stone Towers** (ET)

5|3 und 45|4 **Node Graphs** als
abstrakte Logikmodelle sind komplex
und entwickeln ihre eigene ästhetische Dimension.

5|5 **bidirektionales Modell** des
Entwurfsprozesses

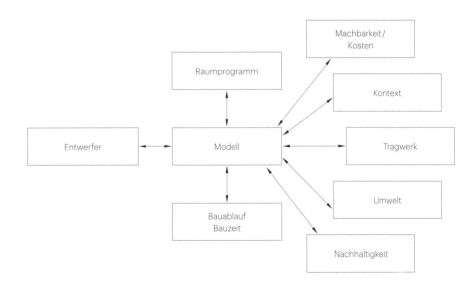

*Ein Objekt nennt man* selbstähnlich,
*wenn ein Teil des Objekts nach einer
Vergrößerung dieselbe oder eine ähnliche Struktur aufweist wie das ursprüng-
liche Objekt. Beispiele sind das Sierpin-
ski-Dreieck oder der Romanesco.*

nach: http://www.natur-struktur.ch/fraktale/
selbstaehnlich.html (abgerufen am 18.11.2011)

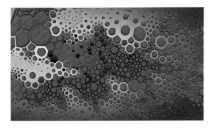

46|2 **Echtzeitentwurf** komplexer Oberflächen

# Einfluss auf den Entwurf

Allerdings wurde dem Entwerfer mit den parametrischen Entwurfssystemen ein sehr mächtiges Werkzeug an die Hand gegeben, das in den vergangenen zwei Jahrzehnten zunächst zu einer Explosion von Experimenten geführt hat, die irgendwo zwischen Kunst und Architektur lagen, eine ganze Generation von Studenten beeinflusst und sich nachhaltig auf die Architektursprache der Gegenwart ausgewirkt haben.

Die Möglichkeit, unterschiedlichste Informationen oder Parameter miteinander zu verknüpfen, komplexe Netzwerke aus Informationen zu weben und geometrisch darzustellen, hat zu einer Loslösung von den räumlichen und abstrakten Prinzipien der Moderne geführt. An die Stelle von geometrischen Grundformen und Fügungsprinzipien treten nun misch- und formbare Typologien, die sich in größeren Zusammenhängen nach mathematischen und natürlichen Prinzipien anordnen und verschmelzen lassen. Die Wiederentdeckung des Ornaments – wenn auch in selbstähnlicher statt symmetrischer Form – sowie eine Verwebung und Kontextualisierung von Architektur finden mit fortschreitender Entwicklung der Schnittstelle zwischen Entwurf und Produktion und der damit einhergehenden Steigerung der Kosteneffizienz sowie der verbesserten ökonomischen Darstellbarkeit zunehmend den Weg von der Avantgarde in den Mainstream zeitgenössischer Architektur.

Allerdings bedeutet diese Loslösung von einem geometrisch klar definierten Formenkanon, die dank ihrer inzwischen breiten Verfügbarkeit über das formale Experiment hinausreicht, dass schiere Komplexität oder geometrische Freiform heute kein eigenständiges Qualitätskriterium mehr darstellt – weder als ästhetische Rechtfertigung noch als kommunikativer »novelty factor«. Architektur muss mehr können: Nach einer zweifelsohne wichtigen Zeit der Experimente wird auch an computergenerierte Architektur der Maßstab der entwerferischen Relevanz angelegt. Eine bewusste Auseinandersetzung mit dem Entwurfsgegenstand und eine Umfokussierung vom formalen Experiment auf das hinter jedem Entwurf stehende »Warum« war und ist der Schlüssel zu guter Architektur. Hierbei spielt die Qualität und Effizienz der Interaktion mit dem Entwurfsmodell eine wichtige Rolle.

## Vom abstrakten Expertensystem zur »digitalen Modelliermasse«

Eine in dieser Hinsicht vom Standpunkt des Entwerfers betrachtete interessante Tendenz jüngerer Zeit ist, dass sich der Computer als Werkzeug zur Formgenese vom zweckentfremdeten Expertensystem hin zum intuitiven Baukasten wandelt. Parametrische Entwurfssoftware wird zunehmend zugänglicher für direkte visuelle Interaktion, nicht zuletzt aufgrund besserer Softwareinterfaces, gezielter Entwicklung für Architekten und dramatisch verbilligter Rechenleistung. Waren digitale Entwurfsmethoden zunächst höhere Alchemie für eingeweihte Kreise mit fortgeschrittenen Programmierkenntnissen und an Abstraktion in der Interaktion mit dem Entwurfsgegenstand kaum zu überbieten, gehören sie mittlerweile zum gängigen Repertoire von Hochschulabsolventen. Die mit der breiteren Verfügbarkeit der Technik am Markt einhergehende Entzauberung des Sujets trägt auch zu einer nüchterneren Sichtweise auf Nutzen und Grenzen der Methodik bei.

Wie bei jedem neuen Medium mussten auch bei den parametrischen Entwurfswerkzeugen zunächst mit teils radikalen Experimenten die Grenzen erforscht und die Tiefen der Möglichkeiten ausgelotet werden, um dann aus der Vielfalt der Ansätze und Postulate diejenigen herauszudestillieren und in eine Ordnung zu bringen, die sich als zielführend erwiesen. Hierbei hat sich in der Avantgarde der Gegenwart deutlich eine neue Formensprache herauskristallisiert, allerdings in Gestalt eines Übergangs, nicht eines radikalen Umbruchs. Parallel zur Systematisierung der Entwurfssprache haben sich auch die praktikablen und pragmatischen Ansätze von den dogmatischen Theorien der Anfangstage abgesetzt: Übrig geblieben sind und in den Kanon der Gegenwartsarchitektur eingefügt haben sich die Ordnungen, Formen und Prozesse, die einen gestalterischen oder ökonomischen Mehrwert oder, je nach Sichtweise, auch beides bringen, sowie Werkzeuge, die interessanterweise dem Gestalter mehr Intuition und Freiheit erlauben und dem Entwurf eine größere Relevanz verleihen, statt den Architekten, wie häufig befürchtet, zum bald redundanten Operator einer deterministischen Entwurfsmaschine zu degradieren.

## Echtzeitentwurfsumgebungen und intuitive Interaktion

Die Forschungsgruppe CODE (computational design research group) bei Zaha Hadid Architects hat in den vergangenen sechs Jahren zahlreiche parametrische Programme und Techniken, die die Entwerfer im Lauf ihrer Arbeit quasi als Nebenprodukte erzeugt haben, aufgegriffen, optimiert, weiterentwickelt und einem breiteren Anwenderfeld im Büro verfügbar gemacht. Die erfolgreichsten und einflussreichsten Methoden waren dabei stets diejenigen, die visuell und in Echtzeit mit dem Entwerfer kommunizieren können. Interessanterweise sehen wir einen klaren Trend hin zu einem Umfeld, das den Architekten durch leistungsfähige Darstellungs- und Berechnungssysteme in seiner Interaktion mit dem Entwurfsgegenstand von der »Last« der technisch-mechanischen (ingenieursmäßigen) Überlegung befreit und es ihm ermöglicht, sich mehr auf seine eigentliche Stärke, die Entscheidungsfindung unter ästhetischen und funktionalen Gesichtspunkten, zu konzentrieren.

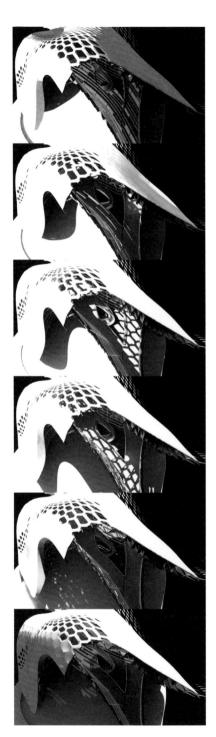

**47|1** Dachstudien zu einem Niedrigenergie-Pavillon, **Gui River Research Complex**, Peking (CN)

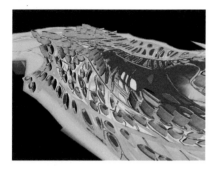

**48|1 Echtzeitdarstellung von Sichtbeziehungen**: Strahlenschnitt als Maß für Privatsphäre im urbanen Maßstab. Appur Township, Chennai (IND)

*»Intelligent clay« oder »digital clay« bezeichnet eine digitale Modelliermasse, eine Art intelligenter Tonklumpen, der es nicht nur erlaubt, intuitiv zu modellieren und zu formen, sondern der auch genauso intuitiv Feedback über wichtige Eigenschaften des Entwurfs gibt.*

Gute Entwurfswerkzeuge geben dem Architekten das zurück, was er im Lauf der Industrialisierung des Bau- und Planungsprozesses zunehmend zu verlieren schien: die direkte Interaktion mit dem Modell, in der eine große Qualitätssteigerung liegt. Der Schlüssel hierzu ist: Echtzeit.

Die Forschungsgruppe CODE glaubt, dass sich das kreative Potenzial des entwerfenden Menschen nur in direkter und intuitiver Interaktion mit dem Objekt voll entfalten kann. Der Architekturentwurf ist im Grunde ein fortwährender Optimierungsprozess mit einer Großzahl von Variablen, die es kontinuierlich zu perfektionieren und in ihrer Gesamtheit einer möglichst zufriedenstellenden Lösung zuzuführen gilt. Für solche Prozesse permanenter Abwägung und iterativer Neubewertung unterschiedlichster Lösungsansätze ist das menschliche Gehirn mit Abstand das mächtigste Werkzeug, das uns zur Verfügung steht. Ziel der Arbeit der Forschungsgruppe ist die Erzeugung einer Entwurfsumgebung, die bei möglichst effektiver Nutzung modernster Berechnungs- und Simulationsprozesse eine möglichst geringe Anzahl von Abstraktionsebenen zwischen Entwerfer und Objekt legt – eine Entwurfsumgebung, die wir bildlich »intelligent clay« nennen können, ein Interface, das dem Entwerfer möglichst intuitives Arbeiten bei Vermittlung wichtiger Entscheidungsparameter in Echtzeit ermöglicht.

Der visuelle Wahrnehmungskanal besitzt hier eine Schlüsselfunktion. Wir sind heute mit parametrischen Entwurfsmodellen an einem interessanten Punkt angelangt, an dem die zur Darstellung notwendige Technologie billig genug, ja fast schon allgegenwärtig verfügbar ist.

Warum ist das so wichtig? Zurück zur Ursprungsthese: Es besteht ein fundamentaler Zusammenhang zwischen der Anzahl möglicher Iterationen über ein Entwurfsthema und der Qualität eines Entwurfs. Je schneller die Interaktion, desto höher die Anzahl der möglichen Iterationen pro Zeiteinheit. Und Zeit ist ein zunehmend limitierter Faktor, wie die folgende Darstellung zeigt.

## Wie viel Zeit für den Entwurf?

Schauen wir uns einen exemplarischen und etwas vereinfachten Zeitablauf für den Entwurf beispielsweise eines großen Kulturbaus in einem internationalen Wettbewerbsbüro an:

Bauprojekte sind langwierig, sollte man meinen, und eigentlich müsste gerade bei Großprojekten, reichlich Zeit für gründliche Abwägungen im kreativen Schöpfungsakt zur Verfügung stehen. Betrachtet man aber, wie viel Zeit in der Praxis für die Formfindung übrig bleibt, ist schnell festzustellen, dass am »front end« des Prozesses ein enormer Zeitdruck herrscht.

Von den, sagen wir, fünf Jahren für ein solches Projekt sind etwa 36 Monate Bauzeit zu veranschlagen. Bleiben bei traditioneller Ausschreibung etwa 24 Monate für die Planung. Und am Ende dieser Zeit muss der Architekt recht genau wissen, wie das Gebäude aussieht, der Entwurf sollte dann besser abgeschlossen und darüber hinaus eine komplette Ausführungsplanung mit Ausschreibungspaketen fertig sein.

Und wie viel bleibt von den ca. 24 Monaten Planungszeit für die Entwicklung des Entwurfs? Nun, die bereits erwähnte Ausführungsplanung mit Ausschreibungsprozess benötigt gut und gern ein Jahr. Doch bevor die Ausführungsplanung überhaupt erst angegangen werden kann, braucht der Architekt – einen Entwurf.

Das verbleibende Jahr klingt ja immer noch recht komfortabel, um zu einer guten Idee zu kommen, aber: Im Lauf dieses Jahres muss eine Baugenehmigung erreicht werden, je nach Land sind unterschiedlichste Sicherheitsüberprüfungen zu durchlaufen sowie diverse Kostenziele zu erfüllen. Diese Phase, im Englischen »detailed proposals«, im Deutschen etwas irreführend »Entwurf« genannt, dauert ebenfalls sechs bis acht Monate. Und auch hier sollte zu Beginn schon etwas vorliegen, mit dem sich Architekten und Fachplaner in einen kostspieligen Prozess stürzen können – ein belastbarer Entwurf.

Den muss zuvor natürlich der Bauherr in Form eines Vorentwurfs mit entsprechender Raumprogramm- und Kostenplanung absegnen. Diese Vorentwurfsphase, im Englischen »schematic design«, schlägt sicher auch mit drei bis vier Monaten zu Buche. Und zu Beginn dieser Phase muss der Wettbewerb oder Klient gewonnen werden, richtig – mit einem Entwurf.

Am Ende bleiben für diesen Entwurf in der Praxis eines Wettbewerbsbüros drei bis sechs Wochen.

Doch halt – es geht noch weiter: Diese drei bis sechs Wochen sind keineswegs ein linearer Zeitraum, in dem sich das Entwurfsteam entspannt zurückziehen und über Architektur sinnieren kann. In den ersten ein oder zwei Wochen werden das Material und der Ort gesichtet, Recherchen betrieben, Entwurfsparameter im klassischen Sinn und Entwurfsziele definiert. Und in den letzten zwei oder drei Wochen wird mit allem, dessen man habhaft werden kann, produziert, ausgearbeitet, gedruckt, gefeilt, geschliffen, verpackt und verschifft. Es bleiben also nur wenige Wochen, in denen der eigentliche Entwurf entsteht. Oder vielmehr das Entwurfsversprechen.

## Relevanz der Entwurfsskizze

In der Phase der Entstehung des Entwurfs und seiner Darstellung zeigt sich die Krux der Nutzung moderner Computersysteme beziehungsweise streng genommen der dem parametrischen Design vorangehenden zweiten Phase der Digitalisierung des Architekturbetriebs. Diese begann zunächst mit dem Austausch des Zeichenbretts gegen den Digitizer und ging dann zur breiten Entdeckung des Computers als Visualisierungstool über. Das Problem: Eine Skizze ist heute keine Skizze mehr.

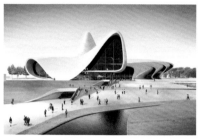

49|1 Wettbewerb, Ausarbeitung der Oberfläche und Bauphase, **Heydar Aliyev Cultural Centre**, Baku (AZ) seit 2007, Zaha Hadid Architects

Wer aktuell einen großen Wettbewerb gewinnen will, muss nicht nur acht bis zehn hochauflösende Renderings in Pressequalität abgeben, sondern am besten auch noch fünf Minuten Film in HD mit Sprachunterlegung in Mandarin, plus Kostenschätzung und Bauablaufplan.

Man sollte meinen, dass einer Fachjury die Umstände der Präsentationserstellung geläufig sind und sie die Qualität und Unschärfe der Arbeit richtig einzuschätzen vermag. Leider wird solches Wissen jedoch im Regelfall nicht an den Bauherrn weitergereicht, der bei öffentlichen Bauvorhaben oft auch von größeren Gremien in wechselnder Besetzung repräsentiert wird. Dieser hält das abgegebene Material oftmals für eine exakte Repräsentation des fertigen Gebäudes – und der Architekt ist dann für die nächsten 4,75 Jahre in der Bringschuld, das gemachte Versprechen Pixel für Pixel innerhalb des vorgegebenen Kosten- und Zeitplans abzuliefern.

Natürlich ist das nicht allein die Schuld der Auslober. Architekten haben in der überzeugenden Darstellungen ihrer Ideen schon immer einen Wettbewerbsvorteil gesehen und den Realismus in der Darstellung stets vorangetrieben. Allerdings sind die Erwartungen an die präzise Vorhersehbarkeit der Umsetzung von Entwurfsideen heute enorm. Und speziell für Architekten, die gern an die Grenze des auch bautechnisch Machbaren gehen, bedeutet das in dieser Frühphase des Entwurfs jede Menge Arbeit.

## Hochangereicherte Echtzeitumgebungen

Zum erfolgreichen Entwurf, sei es für einen Wettbewerb oder einen direkten Pitch, gehören eben nicht nur die überzeugende Idee und starke Bilder, sondern auch eine profunde Dokumentation der Umsetzbarkeit eines Projekts im vorgegebenen Zeit- und Kostenrahmen. Die Grundregel lautet: Je weiter man sich mit seinem Entwurf aus dem Fenster lehnt, desto mehr Fragen werden gestellt. In der Tat ist es in einer Entwurfsjury wesentlich einfacher, Bedenkenträger zu finden als flammende Fürsprecher. Und da im Regelfall bei der Präsentation eines Projekts diese Fragen schon beantwortet sein müssen, nehmen wir gemeinsam mit Fachplanern tendenziell immer mehr Darstellungs- und Abwägungsebenen in die Präsentation eines Entwurfs im Frühstadium auf, um in einer Art vorauseilender Einwandbehandlung die Überlebensfähigkeit einer Idee sicherzustellen: Tragwerkskonzepte mit indikativer Kräfteverteilung, Rationalisierungsstudien für Fassaden – speziell bei gekrümmten Oberflächen ein absolutes Muss –, Analyse von Umwelteinflüssen wie Wärmeeinstrahlung, Wind und Wetter, Energieflusssimulationen, Verkehrsfluss, Kostenplanung, bei Großprojekten sogar Bauablaufplanung etc. werden zunehmend Gegenstand von komplexen Simulationen in frühester Phase, die den Entwurf in seiner Genese beeinflussen und seine Relevanz und Robustheit in Bezug auf kritische Fragestellungen erhöhen.

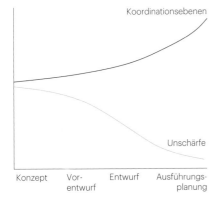

Koordinationsebenen

Unschärfe

Konzept    Vor-entwurf    Entwurf    Ausführungsplanung

**50|1** Ablauf des **parametrischen, bidirektionalen Entwurfsprozesses**

Wir sehen einen Wandel von einem linearen Prozess der Informations-
anreicherung, beginnend mit einer einfachen Skizze, die im Lauf eines
Projekts sukzessive um Ebenen technischer und organisatorischer Erwägungen angereichert wird, hin zu einer vielschichtigen technischen Analyse in frühestem Entwurfsstadium, deren Unschärfe der jeweils gefor-
derten Iterationsgeschwindigkeit angepasst und sukzessive reduziert
wird (50|1) – ähnlich einer brodelnden Ursuppe, in der alle Informatio-
nen und Möglichkeiten enthalten sind, und die mit ihrer Auskühlung
immer klarere Konturen und präzisere Ausdifferenzierungen aufweist.
Parametrisches Design liefert hierfür die Möglichkeiten: Live-Schnittstel-
len zwischen Expertensystemen erlauben es, immer mehr Daten immer
schneller auszutauschen und dem Entwerfer parallel verfügbar zu
machen, um den Entscheidungsfindungsprozess kontinuierlich und auf
unterschiedlichsten Ebenen zu beeinflussen. Um diese Informationen
sinnvoll zu nutzen, müssen sie dem Gestalter intuitiv erfassbar und quasi
in Echtzeit vorliegen. Nur so kann er sich ein Bild von den Möglichkeiten
und graduellen Unterschieden von Lösungen machen, ohne im Prozess
des Entwerfens behindert zu werden oder im Datenfluss zu ertrinken.

## Zurück zum Intuitiven

Der Fokus der gegenwärtigen Entwicklungsarbeit liegt daher auf Systemen, die sich an der Interaktionsqualität mit dem Benutzer messen.
Dabei wird die flüssige Interaktion, also eine geringe Systemlatenz, zu
einer Konstanten, und die Tiefe oder Schärfe von Berechnungen und
Analysen wird der verfügbaren Rechenleistung angepasst, um den Entwerfer parallel mit möglichst viel relevanter Information in direkter
Interaktion mit dem Entwurfsgegenstand zu versorgen. Ziel ist es, die
Qualität der tausend kleinen Entscheidungen, die während der Schaffung eines Entwurfs mehr oder weniger bewusst getroffen werden, zu
verbessern.

Ein Beispiel: Stellen Sie sich einen Klumpen Ton (»intelligent clay«) vor,
der in Abhängigkeit von beispielsweise der Komplexität, also letztlich der
Herstellungskosten seiner Oberfläche, seine Farbe verändert, während er
modelliert wird – und der über seine Plastizität oder seine Temperatur
Feedback über die Gleichmäßigkeit der Kräfteverteilung gibt. Ein solches
Werkzeug eröffnet die Möglichkeit, frei wie ein Bildhauer zu arbeiten,
gleichzeitig jedoch über intuitive, das heißt auf niedrigem Abstraktions-
level und für unser Gehirn schnell und instinktiv verarbeitbare Art und
Weise für die Einhaltung von hochkomplexen Parametern zu sorgen. Solche Technologien würden es erlauben, quasi intuitiv einen Entwurf zu
kreieren, der eben nicht nur ästhetischen Erwägungen entspringt, sondern implizit auch den Grundanforderungen an Architektur bezüglich
Nutzbarkeit und Umsetzbarkeit gerecht wird, und so dem Entwerfer
mehr Raum für Experimente einräumt – das ist das Ziel.

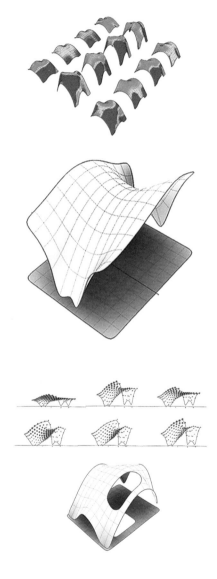

**51|1 digitale Formfindung mit Federnetzen**
unter Einbeziehung weiterer geometrischer und
physikalischer Parameter wie Massen, interne
Belastungen, Verschattung etc. Gui River Research
Complex, Peking (CN)

## Schöpfer versus Maschine?

*Die* Singularität *ist in ihrer Definition nach* Ray Kurzweil *der Punkt, an dem artifizielle Systeme sich selbst, ohne Zutun des Menschen, verbessern oder weiterentwickeln können und sich die technologische Evolution vollends von der biologischen abkoppelt. Bereits heute setzen wir weitgehend automatisierte Prozesse/Software ein, um die nächste Generation optimierter Halbleiter zu entwickeln, die uns dann wieder durch ihre erhöhte Leistung den Entwurf noch effizienterer Hardware erlaubt.*

*Zur Reichweite der Individualisierungstendenzen vgl.* » S. 43 *sowie Die Operationalität von Daten und Material* » S. 15, *Industrialisierung versus Individualisierung* » S. 24, *Bauprozesse von morgen* » S. 128

In den letzten Jahrzehnten wurde viel über den Einfluss des Computers auf die Entwurfsqualität und den schöpferischen Akt des Entwurfs diskutiert – als Möglichkeit oder Schreckgespenst der deterministischen Entwurfsmaschine, die automatisch den perfekten Entwurf erzeugt, wenn sie nur mit den richtigen Informationen gefüttert wird und genügend Rechenleistung zur Verfügung steht; oder als sich über genetische Algorithmen ständig verbesserndes und unaufhaltbar hinzulernendes Über-System, das den Menschen mit seinen beschränkten Fähigkeiten ablösen wird – die Kurzweil'sche Singularität lässt grüßen.

Ein grundlegender Bestandteil der Architektur bleibt jedoch immer das kreative Moment, die ästhetische und spirituelle Dimension des Bauens und die subjektive Perspektive des Entwerfers, seine Imperfektion: Hier sind derartig viele kleine und große Parameter abzuwägen und zu einer einmaligen Konstellation zu verknüpfen, dass auf lange Zeit hinaus das menschliche Gehirn das mit Abstand leistungsfähigste Werkzeug zur Entwicklung von Hypothesen über Probleme mit einer unendlichen Anzahl von Lösungen bleiben wird. Seine Fähigkeit zur Kompensation von Unschärfe, seine Entscheidungskraft der Überzeugung und das Bauchgefühl als Navigator durch unbekannte Teile von Gleichungen kann der Computer nicht ersetzen. Und je besser und direkter dieses Werkzeug »Gehirn« im Arbeitsprozess angesprochen werden kann, desto schneller und besser wird die erzielte Hypothese, der Entwurf. Natürlich ist der intelligente Tonklumpen noch Wunschdenken, aber wir bewegen uns zusehends in die Richtung hochinteraktiver und hochangereicherter Entwicklungsumgebungen für Entwürfe. Diese können nicht nur die Relevanz von Skizzen den gestiegenen Ansprüchen des Markts in puncto präziser Umsetzbarkeit einer realistisch dargestellten Entwurfsskizze gerecht werden lassen, sondern fügen auch zahlreiche neue Elemente wie etwa naturanaloge Strukturen und dynamische Wachstumsprozesse in das verfügbare Repertoire an Ausdrucksformen ein – Typologien, die unser Wahrnehmungsapparat zwar intuitiv erfasst, die sich aber erst in jüngerer Zeit exakt beschreiben und berechnen lassen.

## Materialeffizienz und Energiebilanz

Neben ihrer reizvollen ästhetischen Dimension haben diese Typologien auch eine andere interessante Eigenschaft: Sie sind meist ausgesprochen effizient. Das Optimierungspotenzial von Entwürfen im Frühstadium ist groß; grobes, aber schnelles Feedback an den Entwerfer kann helfen, die Effizienz eines Entwurfs – energetisch oder strukturell – direkt und intuitiv im Entwurfsprozess zu berücksichtigen. Solche Denkansätze sind zwar bei Weitem nicht neu, jedoch gewöhnlich sehr aufwendig in der Umsetzung. Parametrische Designtools, die mit der zunehmenden

52|1 **Experimentelle Formfindung unter Zuhilfenahme von Entspannungsalgorithmen:** Jede Manipulation führt zu einer Neueinstellung der Oberfläche mit gleichmässiger Spannungsverteilung.

**53|1** **Glasgow Museum of Transport**, Glasgow (GB) 2011, Zaha Hadid Architects

*Fragen zur Energie und zum Umgang mit Ressourcen vgl. Nachhaltige Stadtentwicklung »* S. 72, 77*, Gebäude als Systeme begreifen »* S. 82–93*, Common Sense statt Hightech »* S. 94*, Bauprozesse von morgen »* S. 125*, Zusammenarbeit von Industrie und Forschung »* S. 130*, Die Forschungsinitiative »Zukunft Bau« »* S. 136, 139ff.

*Perspektiven der Urbanität und Stadtentwicklung vgl. Zurück zum Sozialen »* S. 66*, Nachhaltige Stadtentwicklung »* S. 71

*Die Initiative* One laptop per child *hat zum Ziel, die Armut der Dritten Welt mithilfe von Bildungscomputern zu bekämpfen. Das Konzept folgt der »Hilfe zur Selbsthilfe«-Philosophie und geht davon aus, dass sich die wirtschaftliche Entwicklung einer Region am nachhaltigsten über eine Versorgung der Bevölkerung mit Bildung erreichen lässt. Um die Ziele der nachhaltigen Volksbildung in Regionen zu erreichen, in denen die Infrastruktur kaum entwickelt ist und Kinder schon sehr früh zur Arbeit herangezogen werden, entstand ein Konzept, das möglichst innerhalb der ersten Schuljahre ausreichende Grundbildung vermitteln soll.*

nach: http://www.olpc-deutschland.de (abgerufen am 18.11.2011)

Verfügbarkeit von billiger Rechenleistung zum Beispiel inzwischen auch Kraftflussanalysen und Dichteverteilungen in Materialien darstellen, können solche Überlegungen auch da ermöglichen, wo gewöhnlich keine Zeit oder Ressourcen für Materialoptimierungen zur Verfügung stehen. Warum eine breitere Verfügbarkeit solcher Designtools einen wichtigen Beitrag zur Energiedebatte liefern kann, macht die Energieintensität der Bauwirtschaft deutlich. Im Jahr 2009 wurden weltweit ca. 2,8 Milliarden Tonnen $CO_2$ durch die Herstellung von Zement, dem wichtigsten Bestandteil von Beton, freigesetzt. Um diese Zahl in ein Verhältnis zu setzen: Das entspricht etwa dem Vierfachen der $CO_2$-Belastung durch den globalen Flugverkehr. Und wenn wir diese Tendenz in die Zukunft projizieren und wissen, dass die globale Stahlherstellung noch einmal mit etwa dem gleichen Emissionsvolumen zu Buche schlägt und Häuser auch im Betrieb zu den größten Energiekonsumenten gehören, dann zeigt sich schnell, wo die eigentliche Herausforderung liegt: effizient zu bauen, und zwar dort, wo Wachstum stattfindet.

Während in den hochentwickelten Industrieländern Technologien zur Entwurfs- und Materialoptimierung relativ leicht verfügbar und im Kostenrahmen eines Bauprojekts wirtschaftlich darstellbar sind, wird in den schnell wachsenden Schwellen- und aufsteigenden Industrieländern wie China oder Indien vergleichsweise uniform und selbst im größeren Maßstab vereinfacht entworfen, nicht zuletzt, weil Planungshonorare dort weit unter dem Niveau von Industrieländern liegen – in Indien beispielsweise selbst bei kommerziellen Bauvorhaben oft unter einem Prozent, bei sowieso schon niedrigen Baukosten. Die Betrachtung des enormen Wachstumspotenzials und der sich beschleunigenden Tendenz zur Urbanisierung in diesen wachsenden und mehrheitlich noch ländlich geprägten Volkswirtschaften (in Indien beträgt der Anteil der ruralen Bevölkerung 70 Prozent, in China – schon heute mit Abstand der größte Zementhersteller und -verbraucher – über 50 Prozent) macht deutlich, dass effizienteres Planen hier ansetzen muss: in den wachsenden Schwellen- und aufstrebenden Industrienationen, und zwar auf breiter Basis.

## One laptop per child – one architect per neighbourhood?

Interessanterweise ist es heute möglich, praktisch alle Werkzeuge, die für einen nicht übermäßig komplexen, aber energetisch gut optimierten und materialeffizienten Bau notwendig sind, in einem Laptop wie dem unterzubringen, an dem dieser Artikel entsteht. Der Schlüssel liegt in der Vermittel- und Benutzbarkeit der Werkzeuge, die es Planern vor Ort erlaubt, ohne einen Stab an Fachberatern und ohne zeit- und kostenaufwendige Prozesse material- und energieeffiziente Lösungen zu finden. Es geht dabei nicht um die Substitution des Architekten oder Ingenieurs durch eine Software, vielmehr soll technisches und wissenschaftliches

Know-how dort niederschwellig verfügbar werden, wo es gegenwärtig kostentechnisch nicht vorhaltbar ist, aber aufgrund der schieren Baumasse eine enorme Hebelwirkung entfalten kann: im bautechnischen Low-End-Bereich, wo sich einfache, oft manuelle Lösungen durch intelligente Planung materialeffizienter gestalten lassen und eine vielleicht nur zu 80 Prozent optimierte, aber dafür machbare Lösung schon eine enorme Verbesserung des Status quo darstellt.

Ein Ausblick soll diesen vielleicht etwas wilden Ritt durch das Thema beenden: Im vergangenen Jahr führte unsere bürointerne Forschungsgruppe an verschiedenen Universitäten in Indien und China Workshops durch, bei denen Studenten mit Unterstützung von Softwareentwicklern innerhalb von jeweils zehn Tagen und Nächten in Programme und Programmiertechniken zur Formgenese unter Berücksichtigung des Tragverhaltens eingewiesen wurden (55|1 und 55|3). Das Ziel war, die Technik nicht nur zu lernen, sondern auch anzuwenden, um am Ende der Veranstaltung gemeinsam mit Experten in lokaler Bautechnik eine funktionierende Umsetzung des Entwurfs zu bauen – und zwar mit bloßen Händen und allem, was sich für 100 Dollar in der Nachbarschaft auftreiben ließ. Nach ersten Experimenten mit leichten Flächentragwerken auf der Basis von Stahlnetzen haben wir in diesem Jahr in Bangalore in Indien erstmalig unter Zuhilfenahme eines Echtzeit-FEM-Solvers als Teil der Entwurfsumgebung leichte Freiform-Betonschalen mit bis zu 10 Metern Spannweite hergestellt. Dieses Thema wurde im Rahmen eines Workshops am Tecnologico de Monterey in Mexiko-City weiter vertieft (55|2).

55|1 **Workshop** in Changsha (CN) 2010

55|2 **Workshop** in Mexiko-City (MEX) 2011

55|3 **Workshop** in Bangalore (IND) 2010

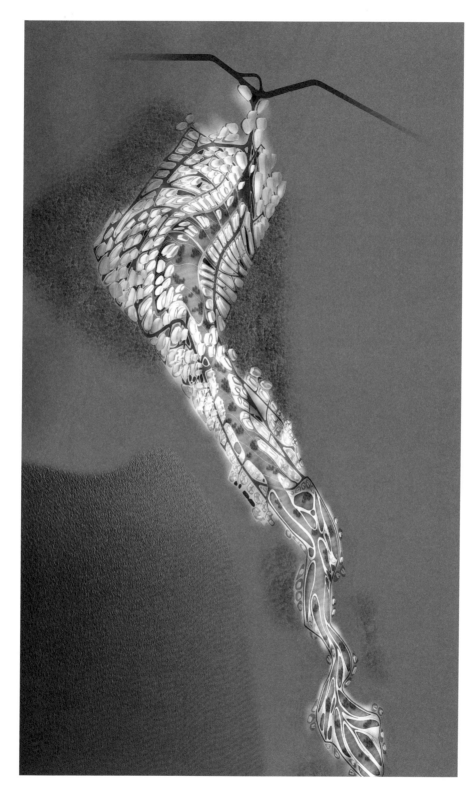

**56|1** **parametrisch generierter Masterplan** für Appur Township, Chennai (IND), Zaha Hadid Architects
**57|1** **Urban Metro Cable**, Caracas (YV) 2010, Urban Think Tank

# Zurück zum Sozialen – neue Perspektiven in der Architektur der Gegenwart

Text  Andres Lepik

**Der 2001 von Rem Koolhaas gestaltete Prada Flagship Store in SoHo markierte einen Höhepunkt in der zeitgenössischen Allianz von Stararchitekten und Modelabels. Etwa 40 Millionen Dollar soll der Umbau von ca. 2100 Quadratmeter Ladenfläche gekostet haben – eine auch für New Yorker Verhältnisse unerhört hohe Summe, der am Ende nur wenig Architektur sichtbar gegenüberstand.** Modelabels und Kultureinrichtungen, Immobilienentwickler und Politiker buhlten seit den 1990er-Jahren immer angestrengter darum, mit großen Architektennamen mediale Aufmerksamkeit zu erregen: Der Bilbao-Effekt, seit 1994 Symbol für den wirtschaftlichen Aufschwung einer in die Bedeutungslosigkeit abgerutschten Industriestadt mithilfe außergewöhnlich bildhafter Architektur, sollte überall stattfinden. Durch immer neue Architekturikonen wollten Institutionen oder ganze Städte höheres öffentliches Ansehen und zusätzlichen wirtschaftlichen Erfolg erlangen. Diese Strategie haben auch viele wirtschaftlich aufstrebende Länder wie etwa China und die Arabischen Emirate übernommen – oft unter bereitwilliger Aufgabe wertvoller eigener Traditionen.

## Perspektivenwechsel

Mit der Wirtschaftskrise, die sich aus dem Zusammenbruch des spekulativen Immobilienmarkts in den USA im Herbst 2008 entwickelte und – gleich einem Flächenbrand – auf zahlreiche Länder übergriff, kam es zu einem Wandel in der öffentlichen Wahrnehmung von sogenannter

Stararchitektur. Auf den von Zaha Hadid entworfenen Pavillon für Chanel im Central Park – ein als Kunstprojekt getarnter Werbefeldzug für die Modefirma – reagierte der Kritiker Nicolai Ouroussoff mit deutlichen Worten: »The wild, delirious ride that architecture has been on for the last decade looks as if it's finally coming to an end. And after a visit to the Chanel Pavilion that opened Monday in Central Park, you may think it hasn't come soon enough.«[1] Damit schlug die Stimmung um, der wandernde Pavillon, der zuvor schon in Hongkong und Tokio gezeigt worden war, ohne auf Protest zu stoßen, reiste nicht mehr weiter. Die wachsende Angst um die Zukunft des Landes, das infolge der Krise sehr rasch mit massiv steigender Arbeitslosigkeit und Armutsquote konfrontiert wurde, enthüllte nun die Luxusexzesse der Architektur auch für eine breitere Öffentlichkeit als das, was sie für manche Kritiker schon lange waren: leere Repräsentationsformeln ohne soziale, ökonomische und ökologische Nachhaltigkeit. Es wurde deutlich, dass die Architektur als zentrale Gestaltungsdisziplin für die Lebens-, Wohn- und Arbeitsräume der Menschheit am Anfang des 21. Jahrhunderts Gefahr lief, ihre gesellschaftliche Relevanz zu verlieren. Waren die prominenten Vertreter der modernen Architektur Anfang des 20. Jahrhunderts noch mit dem Anspruch angetreten, für alle sozialen Schichten eine besser gestaltete Welt zu entwerfen – der zweite Kongress des CIAM im Jahr 1929 in Frankfurt am Main hatte »Die Wohnung für das Existenzminimum« zum Thema – schienen die großen Stars der aktuellen Weltarchitektur nur noch im Wettstreit um lukrative Aufträge einer kleinen und zahlungskräftigen Schicht von Auftraggebern zu stehen.

Die Architekturbiennale in Venedig gehört zu den wichtigsten intellektuellen Marktplätzen für internationale Trends und Ideen. 2010 stand sie unter dem Motto »People meet in architecture«, doch die von Kazuyo Sejima kuratierte Hauptausstellung zielte überwiegend auf ästhetische Fragen und enthielt keine Hinweise auf die wachsenden globalen Probleme wie Migration, Armut oder Überbevölkerung. Dagegen setzte die Entscheidung, den »Goldenen Löwen« für den besten Länderbeitrag an den Pavillon des Königreichs von Bahrain zu geben, ein wichtiges Signal. Drei von Fischern selbst aus Treibholz gebastelte Hütten (59|1), die als Lounge für Gespräche und Veranstaltungen dienten, erfüllten mustergültig das übergreifende Programm der Biennale und verwiesen zugleich auf ein kleines, aber wichtiges soziales Problem: Die Fischer des Inselstaats Bahrain werden durch die ausgreifenden Immobilienentwicklungen von ihren traditionellen Standorten an der Küste verdrängt – die Hütten sind ein Symbol für die Einfachheit und Bescheidenheit ihrer Ansprüche, die im scharfen Kontrast zu den Spekulationsobjekten stehen, die ihre Existenz und damit auch einen Teil der kulturellen Identität des Landes bedrohen. Dass der Beitrag von einem schweizerisch-bahrainischen Team gemeinsam entwickelt wurde, zeigt, dass über die Vermittlung von außen die soziale Problematik der Architektur nun auch am

1

Ouroussoff, Nicolai: Art and Commerce Canoodling in Central Park. In: New York Times, 20.10.2008

CIAM (Congrès Internationaux d'Architecture Moderne) *Nach dem Erfolg der Weißenhof-Ausstellung in Stuttgart (1927) gründete sich auf Anregung von Hélène de Mandrot, Sigfried Giedion und Le Corbusier eine Vereinigung international angesehener Architekten, die durch einen jährlichen Gedankenaustausch aktuelle Probleme der modernen Architektur zeitgemäßen Lösungen näherbringen wollte. Insbesondere wurden neue Möglichkeiten der Stadtbaukunst diskutiert und in Manifesten formuliert, darunter die Charta von Athen (1933).*

nach: Pevsner, Nikolaus, Honour, Hugh, Fleming, John: Lexikon der Weltarchitektur. München 1999

**59|1 Pavillon des Königreichs Bahrain**, Architekturbiennale Venedig (I) 2010, Bahrain Urban Research Team, LAPA-EPFL Lausanne, Camille Zakharia, Mohammed Rashid Bu Ali

*Weitere Gesichtspunkte des sozialen
und gesellschaftlichen Wandels vgl.
» S. 69 sowie Nachhaltige Stadtentwicklung » S. 71f., Trendprognosen » S. 102,
Living Ergonomics » S. 123, Die Forschungsinitiative »Zukunft Bau«
» S. 137*

**60|1 und 60|2 Carver Apartments**, Los Angeles
(USA) 2010, Michael Maltzan Architecture

Persischen Golf wahrgenommen wird. Die aktuellen politischen Entwicklungen in dem arabischen Inselstaat seit Frühjahr 2011 machen
deutlich, dass die Probleme der Fischer allerdings nur die Spitze eines
Eisbergs von sozialen Missständen in dem Land markieren.

## Architektur als sozialer Katalysator

Einige Architekten arbeiten schon lange daran, den sozialen Wandel –
insbesondere der unterversorgten Gesellschaftsschichten im jeweils
eigenen Land – mit konkreten Projekten positiv zu beeinflussen. Sie stehen bislang nicht im Rampenlicht der Medien, doch die wachsende Zahl
an internationalen Architekturpreisen, die auch die soziale Nachhaltigkeit würdigen, sowie eine zunehmende Aufmerksamkeit der Fachmedien
für solche Projekte zeigen, dass sich die Parameter der öffentlichen Beurteilung verändern. Einer dieser Architekten ist Michael Maltzan aus Los
Angeles, der sich bereits seit 1993 mit den Problemen in Skid Row auseinandersetzt, einem Stadtviertel von Los Angeles, das seit den 1930er-
Jahren eine der höchsten Konzentrationen von Obdachlosen in den Vereinigten Staaten aufweist. Im Auftrag der Organisation »Skid Row
Housing Trust« entwickelte Maltzan Wohnprojekte, in denen sich
Obdachlose durch gemeinsame Küchen, Aufenthaltsräume und Innen-
höfe schrittweise wieder an ein Leben in Gemeinschaft gewöhnen können. Die im Jahr 2010 eröffneten »Carver Apartments«, in denen 97
Obdachlose, mehrheitlich ältere und behinderte Menschen wohnen,
sind bereits das zweite Projekt von Maltzan (60|1 und 60|2). Die Men-
schen finden hier individuellen Schutz und Betreuung und erhalten
gleichzeitig durch ein Gebäude, das trotz niedrigem Budget eine hohe
Gestaltungsqualität aufweist, eine gemeinsame Identität. Dem Projekt
gelingt es, alle Nachteile der schwierigen Lage an einer mehrspurigen
Stadtautobahn und die Komplexität der sozialen Aufgabe auf überzeugende Weise in Vorteile umzuwandeln. Der Architekt war hier zwar nicht
Initiator der Maßnahme, aber er hat mit diesem und einigen anderen
Projekten in Verbindung mit sozialen Aufgaben seinem Büro ein Tätig-
keitsfeld eröffnet, das er mit dauerhaftem Engagement weiterverfolgt.
Auch das Rural Studio in Alabama zeigt, dass es in den USA bereits seit
einiger Zeit Ansätze gibt, die der Architektur wieder einen stärkeren
Bezug zur Gesellschaft geben wollen. Das Rural Studio ist ein Programm
der Auburn University, das seit 1993 Architekturstudenten unmittelbar
an die Verbesserung der Verhältnisse in extrem armen Vierteln in West-
Alabama heranführt, wo rund 30 Prozent der Bevölkerung unter der
Armutsgrenze leben. Die Studententeams entwerfen und bauen dabei
eigenhändig Projekte, die positiv auf ihre gesamte Umgebung wirken –
von Einfamilienhäusern (61|1) über Gemeindezentren bis hin zu Sport-
anlagen und Feuerwehrhäusern. Seit Bestehen des Rural Studio wurden
bereits über 120 Projekte umgesetzt. Diesem Beispiel folgen inzwischen

auch zahlreiche andere Architekturschulen in den USA mit Programmen wie etwa »Design Build Bluff« an der University of Utah, aber auch in Deutschland und Österreich, beispielsweise mit »Design.Develop.Build« an der RTHW Aachen oder »BASEhabitat« an der Kunstuniversität Linz. Diese Programme erfreuen sich einer wachsenden Beliebtheit bei den Studenten, denn hier wird schon in der Lehre ein völlig neues Verständnis von der sozialen Dimension des späteren Berufs vermittelt und mit jedem realisierten Projekt zugleich auch ein kleiner Beitrag geleistet, um konkrete Wirkungen zu erzielen.

## Bestand als Ressource

Nicht nur neu geplante Architektur kann soziale Prozesse anregen und verbessern. Auch die Umnutzung und Umplanung von bestehenden Gebäuden bietet neben ökologischen und ökonomischen Vorteilen die Chance zu gesellschaftlichen Veränderungen. Mit ihren Bauten und Publikationen arbeiten Jean-Philippe Vassal und Anne Lacaton aus Paris schon seit Jahren an einer neuen gesellschaftlichen Perspektive für die Architektur. Ihre Ideen einer behutsamen Erneuerung und Verbesserung des Bestands ohne Zerstörung sind zwar grundsätzlich nicht neu, im Kontext der vergangenen Jahrzehnte wirken sie dennoch radikal. Beim Palais de Tokyo in Paris bauten sie im Jahr 2001 insgesamt 7800 Quadratmeter Fläche für gerade einmal drei Millionen Euro um – welch ein Unterschied zum Prada Store von Rem Koolhaas! Gemeinsam mit Frédéric Druot haben Lacaton & Vassal anhand einer Reihe von Fallbeispielen die Studie »Plus« für eine sozial nachhaltige Umgestaltung des sozialen Wohnungsbaus in Frankreich entwickelt.[2] Mit dem Umbau des »Tour Bois le Prêtre« in Paris finden ihre Ansätze gerade eine erste konkrete Umsetzung im größeren Maßstab (61|2). Hierbei werden die Wohnungen eines typischen Wohnturms der 1960er-Jahre durch den Anbau von Wintergärten und Balkonen aufgewertet, wobei die Gesamtkosten für die städtische Wohnungsbaugesellschaft am Ende deutlich unter dem bleiben, was es gekostet hätte, das Gebäude abzureißen, die Bewohner umzusiedeln und ein neues Wohnhaus zu errichten. Dieses Projekt, das durch mehrere Workshops mit den Bewohnern des Hauses gemeinsam entwickelt wurde, ist ein Signal für die Umkehr von der Tabula-rasa-Politik, die missliebige Bauten mit dem Versprechen von einer besseren Zukunft, die ökologische, ökonomische und sozial nachhaltige Strategien verfolgt, abreißt. Architektur wirkt hier als Katalysator für eine veränderte Politik; die Architekten erweisen sich dabei als Moderatoren eines sozialen Wandels.

In eine ähnliche Richtung weist auch die Initiative Haushalten e.V. in Leipzig, die Besitzer von leer stehenden Altbauten mit jungen Kreativen und Start-up-Unternehmern zusammenbringt, die nach günstigen Räumlichkeiten suchen. Die Initiative vermittelt befristete Gewerbe-

61|1 **20000-Dollar-Haus II**, Greensboro, Alabama (USA) 2006, Rural Studio mit Architekturstudenten der Auburn University

*Zum Potenzial von Umnutzungen und Sanierungen vgl. » S. 62 sowie Nachhaltige Stadtentwicklung » S. 73, Gebäude als Systeme begreifen » S. 84, Common Sense statt Hightech » S. 99, Bauprozesse von morgen » S. 127, Die Forschungsinitiative »Zukunft Bau« » S. 137*

2

Druot, Frédéric; Lacaton, Anne; Vassal, Jean-Philippe: Plus. Large Scale Housing Development. An exceptional case. Barcelona 2007

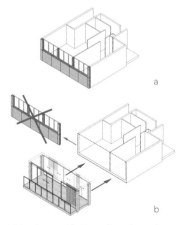

61|2 schematische Darstellung der Umbaumaßnahme, **Wohnhochhaus Tour Bois le Prêtre**, Paris (F) 2011, Druot, Lacaton & Vassal
a Bestand; b Erweiterung

**62|1 High Line Park**, New York (USA) 2008, Diller Scofidio + Renfro, Field Operations

*Zum Potenzial von Umnutzungen und Sanierungen vgl.* » S. 61 *sowie Nachhaltige Stadtentwicklung* » S. 73, *Gebäude als Systeme begreifen* » S. 84, *Common Sense statt Hightech* » S. 99, *Bauprozesse von morgen* » S. 127, *Die Forschungsinitiative »Zukunft Bau«* » S. 137

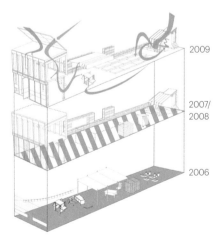

2009

2007/ 2008

2006

**62|2** schrittweise Umwandlung des Grundstücks in einen urbanen Garten, **Passage 56**, Paris (F) 2009, atelier d'architecture autogérée

mietverträge zwischen den Interessenten. Die Mieter der als »Wächterhäuser« bezeichneten Altbauten bezahlen nur die Nebenkosten und einen kleinen Beitrag an Haushalten e.V. Die Vermietung schützt die Häuser vor Verfall und Vandalismus, zugleich entstehen neue soziale Strukturen, die inzwischen bereits in einigen Fällen zu dauerhaften Nutzungen geführt haben. Die Stadt Leipzig wiederum setzt nun die Expertise von Haushalten e.V. aktiv dazu ein, mit einem vergleichbaren Modell auch den Leerstand von Ladengeschäften zu bekämpfen. Dieses Beispiel zeigt anschaulich, wie aus privaten Initiativen neue Strukturen hervorgehen, die die öffentliche Hand effektiv für den gesellschaftlichen und ökonomischen Nutzen der ganzen Stadt verwenden kann.

## Die Rückkehr der Gärten

Welche positiven ökonomischen und sozialen Effekte der Erhalt und die intelligente Umnutzung von bestehender Bausubstanz bewirken können, zeigt das Beispiel der High Line in New York (62|1). Eine private Initiative konnte die über viele Jahre ungenutzte Trasse einer lokalen Güterbahn, die sich über 2,3 Kilometer durch das Galerieviertel Chelsea zieht, vor dem Abriss retten. Auf der Basis des Konzepts der Architekten Diller Scofido + Renfro sowie der Landschaftsplaner von Field Operations wurde die Bahnstrecke in einen öffentlichen Park umgewandelt. Seit der Eröffnung des ersten Abschnitts im Juni 2008 ist die High Line eine neue Attraktion von New York, die die gesamte Umgebung entscheidend aufwertet und in unmittelbarer Nachbarschaft auch zu einer Reihe von neuen Hotel- und Wohnbauten geführt hat. Die Eröffnung des zweiten Abschnitts im Frühsommer 2011 bestätigt den Erfolg und trägt nun dazu bei, dass auch das bislang noch weniger entwickelte Gebiet auf der West Side bis zur 30. Straße zusätzlich an Attraktivität gewinnt. Das High-Line-Projekt begann als Bottom-up-Initiative, die zunächst gegen die kommerziellen Interessen der Immobilienentwickler und der öffentlichen Baupolitik gerichtet war, und nun durch ihren Erfolg beweisen konnte, dass sich beide Seiten durchaus nicht ausschließen müssen.

Wie sich aus städtischen Restflächen, die als unbebaubar gelten, aktive nachbarschaftliche Treffpunkte gestalten lassen, zeigt das Beispiel »Passage 56« in Paris (62|2). Hier verwandelten Constantin Petcou und Doina Petrescu mit ihrem Büro atelier d'architecture autogérée (aaa) in Zusammenarbeit mit den Anwohnern ein ehemaliges Durchgangsgrundstück in einen urbanen Garten, der als ein ökologisch-soziales Modellprojekt fungiert. Alle für den Betrieb notwendige Energie wird durch Solarzellen gewonnen, das benötigte Wasser über die Dächer aufgefangen, Komposttoiletten sorgen für den Dünger. Für den Bau eines Veranstaltungsraums kamen sowohl recycelte als auch günstige Materialien aus dem lokalen Handel zum Einsatz, den Bau übernahm ein städtisches Ausbildungsprogramm für arbeitslose Jugendliche. Eine Gruppe von Anwohnern unterhält und pflegt den Garten und organisiert auch selbst Veranstaltungen. Ganz den Prinzipien von aaa folgend, die die Rolle des Architekten als Anreger und Ermöglicher von autonomen Prozessen definieren, ist hier eine selbst organisierte Struktur entstanden, die sich ohne weiteres Zutun der Architekten auch auf vergleichbare urbane Restflächen übersetzen lässt. Von seinen Dimensionen her ist das Projekt in Paris eine urbane Akupunktur – eine punktuelle Intervention, die aber sehr positive Folgen für ihr gesamtes Umfeld entfaltet. In Berlin haben die Gründer von Nomadisch Grün, Marco Clausen und Robert Shaw, mit den Prinzessinnengärten am Moritzplatz in Kreuzberg eine ähnliche Initiative auf einer größeren Fläche gestartet: Ein Grundstück, das die Stadt über viele Jahre nicht verkaufen konnte, haben sie in einen Nachbarschaftsgarten verwandelt, auf dem Nutzpflanzen gezüchtet sowie durch Kurse und Veranstaltungen theoretische und praktische Kenntnisse zum Thema Gartenbau weitergegeben werden. Der Garten ist als zeitlich befristetes Projekt angelegt, das ohne gebaute Strukturen funktioniert, um das gemietete Grundstück kurzfristig abgeben zu können, sobald die Stadt einen geeigneten Käufer findet. Die gezielte Neukultivierung von Gartenflächen in der Stadt auch auf größeren Flächen gewinnt derzeit besonders in den schrumpfenden Städten wie etwa Dessau oder Detroit an Bedeutung. Denn während die Initiativen des »urban farming« auf den Restflächen der dicht bebauten Städte nicht zu einer Selbstversorgung in nennenswerter Dimension führen und daher eher eine soziale Aufgabe im kleinen Rahmen erfüllen können, ist die Neuplanung von aktiv genutzten Gartenflächen ein zentrales Element in der gestalterischen Neudefinition solcher schrumpfenden Städte.

## In den Favelas

Über ein Drittel der Weltbevölkerung lebt nach Schätzungen von UN-HABITAT derzeit in Slums oder vergleichbaren informellen Siedlungen, die meisten davon in der südlichen Hemisphäre; der Anteil ist steigend. Die politische und stadtplanerische Hinwendung zu den Favelas ist besonders in Lateinamerika inzwischen zu einer zentralen Aufgabe geworden, mit der sich viele Architekten beschäftigen. Da die Dimension der Probleme so immens groß und zudem historisch gewachsen ist, lassen sich allerdings keine schnellen Erfolge erzielen.

Ein bedeutender Versuch, die ungeplante Entwicklung der informellen Siedlungen durch planerische Strategien aufzufangen, war das Proyecto Experimental de Vivienda (PREVI) in Lima, Peru, das der damalige Staatspräsident Fernando Belaúnde Terry, selbst Architekt, 1965 anregte. Die internationale Architektenavantgarde, darunter James Stirling und Aldo van Eyck, wurde mit Unterstützung der Vereinten Nationen eingeladen, eine Siedlung mit 1500 Wohnungen für Menschen mit extrem niedrigen Einkommen zu gestalten, wobei jedes Haus die Möglichkeit späterer Erweiterung beinhalten sollte. Wegen des Militärputschs 1968 wurde

*Das Zentrum der Vereinten Nationen für menschliche Siedlungen (United Nations Centre for Human Settlements – UNCHS/HABITAT) wurde 1978 nach der ersten UN-Konferenz über menschliche Siedlungen in Vancouver gegründet und 2002 in das Programm für menschliche Siedlungen (United Nations Programme for Human Settlements, UN-HABITAT) überführt.* UN-HABITAT *ist die zentrale Organisation der UN im Bereich Stadtentwicklung, Siedlungswesen und Wohnungsversorgung in Entwicklungs- und Transformationsländern. Die Organisation hat ihren Sitz in Nairobi, Kenia. Ihr Ziel ist die Förderung einer nachhaltigen städtischen Entwicklung.*

nach: http://www.bmz.de (abgerufen am 20.10.2011)

Informelle Siedlungen *(auch Slum, Spontansiedlungen, Squatter Settlement, Bairro, Favela, Barong-Barong, Bastee) entstanden und entstehen immer noch im Zuge von Urbanisierungsprozessen in Groß- und Kleinstädten. Sie weisen Defizite in ihrem rechtlichen Status auf und verfügen über unzureichende Infrastrukturen und öffentliche Dienstleistungen. Während der Ausdruck informelle Siedlung die fehlenden Bodenrechtstitel der Bewohner hervorhebt, fokussiert der Begriff Slum die unzureichende infrastrukturelle Ausstattung dieser Ansiedlungen.*

nach: http://www.gtz.de/de/dokumente/de-flyer-slumsanierung.pdf (abgerufen am 20.10.2011)

64–65|1 **Urban Metro Cable**, Caracas (YV) 2010,
Urban Think Tank

erst 1974 mit dem Bau begonnen und insgesamt nur 500 Häuser fertigge-stellt. Trotz der positiven Ergebnisse fand das Projekt über lange Zeit keine Nachfolger.

In Brasilien begann der Architekt Jorge Mario Jauregui ab 1993 im Rah-men des Favela-Bairro-Programms in Rio de Janeiro damit, durch viele kleine Maßnahmen schrittweise eine Verbesserung der Lebenssituation in den Elendsvierteln anzustoßen. Mit den Projekten für die Favelas Complexo do Alemão und Complexo de Manguinhos geht die Stadtver-waltung von Rio nun dazu über, die Urbanisierung, also die Verknüpfung seiner geschätzt 600 Favelas mit der formell geplanten Stadt durch Anbindung an den öffentlichen Nahverkehr, Anschluss an Kanalisation, medizinische Versorgung und Bildungseinrichtungen etc., auch in grö-ßerem Maßstab und mit höherer Geschwindigkeit voranzutreiben: Bis zur Fußballweltmeisterschaft 2014 will die Stadt für die Weltöffentlich-keit ein besseres Bild schaffen. Auch die Wohnungsbaubehörde SEHAB (Secretaria Municipal de Habitação) in São Paulo ist heute mit einem umfassenden Programm aktiv, für das die Regierung sehr große Geld-summen bereitstellt und an dem externe Architekten mitwirken. Ziel ist es, durch ein Bündel von Maßnahmen die jahrzehntelange Verdrängung und Ausgrenzung großer Teile der Gesellschaft deutlich sichtbar zu beenden und zugleich dafür zu sorgen, dass die urbane Gemeinschaft als Ganzes sozial und ökologisch von den Veränderungen profitiert.

In Chile hat der Architekt Alejandro Aravena mit der von ihm gegründe-ten Firma Elemental (zusammen mit der Universidad Católica de Santi-ago und der Ölfirma COPEC) ein Konzept entwickelt, um den sozialen Wohnungsbau, der die Slums schrittweise urbanisieren und legalisieren soll, in ein positives Investment für die städtische und nationale Wirt-schaft zu verwandeln. Die erste im Zuge des Projekts realisierte Wohn-anlage für 93 Familien in Iquique, im Norden des Landes, hat sich zu einem großen Erfolg entwickelt. Erstellt wird lediglich eine tragfähige und erdbebensichere Grundstruktur des Gebäudes (66|1), den weiteren Ausbau können die Eigentümer selbst übernehmen (66|2). Nur so waren die niedrigen Baukosten von 7500 Dollar pro Haus zu erreichen. Die Bewohner können über einen Kredit der Stadt die Häuser als Eigentum erwerben und sind so von der ständigen Bedrohung durch Abriss und Vertreibung in den informellen Siedlungen befreit. Damit verändert sich vieles, sowohl für die Bewohner als auch für die Stadt als Ganzes: Die bisherige Ausgrenzung verwandelt sich in eine Teilhabe und ökonomi-sche Verknüpfung. Rund 1000 weitere Einheiten wurden auf ähnliche Weise von Elemental in Chile seither verwirklicht. Elemental ist über-zeugt davon, dass auch sozialer Wohnungsbau wirtschaftlich betrieben werden und sowohl für den Staat als auch die Bewohner und Architek-ten ökonomischen Nutzen bringen kann.

Um dem Berufsstand des Architekten wieder eine neue gesellschaftliche Dimension zu geben, sollten Architekten nicht auf einen Politikwechsel

*Perspektiven der Urbanität und Stadt-entwicklung vgl. Parametrische Ent-wurfssysteme » S. 54, Nachhaltige Stadt-entwicklung » S. 71*

**66|1 und 66|2** Grundstruktur und von den Eigen-tümern ausgebaute Häuserreihe, **sozialer Woh-nungsbau**, Iquique (RCH) 2005, Alejandro Aravena

warten, sondern selbst aktiv werden. Das Projekt »Urban Metro Cable« in Caracas, Venezuela, ist dafür ein gutes Beispiel. Die Architekten Alfredo Brillembourg und Hubert Klumpner widmen sich bereits seit 1998 mit ihrem Büro Urban Think Tank (UTT) der Frage, wie sich die extreme soziale Kluft zwischen der informellen Stadt und der formell geplanten Stadt zukünftig überbrücken lässt. Die Änderung dieser Situation ist von größter Dringlichkeit, denn die extrem hohe Kriminalität in den Millionenstädten Lateinamerikas resultiert zu großen Teilen aus der Frustration in den Elendsvierteln, über keine ausreichende Versorgung mit Nahverkehr, Polizeischutz, Schulen, Kliniken und Sportplätzen zu verfügen. In Caracas lebt von fünf Millionen Einwohnern ungefähr eine Million in den Bairros. Der Vorschlag von Urban Think Tank für den Bau einer Seilbahn, der die steil am Hang liegenden Siedlungen mit dem öffentlichen Nahverkehr der Stadt verbindet, wurde von der Stadtverwaltung zunächst abgelehnt. Sie wollten die illegalen Siedlungen allenfalls mit Straßen an die Stadt anbinden, was jedoch eine einschneidende Zerstörung der sozialen Netzwerke zur Folge gehabt hätte, da der Straßenbau in den Hanglagen den Abriss von etwa 25 Prozent der vorhandenen Bauten und die Umsiedelung der Bewohner erfordert hätte. Erst als die Idee von UTT die Aufmerksamkeit des Staatspräsidenten Hugo Chavez erregte, wurde sie zu einem Projekt von politischer Dringlichkeit erklärt und von der Stadt umgesetzt. Seit Januar 2010 ist die Seilbahn in Betrieb und bietet den Bewohnern des Viertels eine schnelle Anbindung an das öffentliche Verkehrsnetz (64–65|1 und 67|1). Damit ist ein erster Schritt geleistet, dem bereits weitere folgen: Eine zweite Seilbahn für ein anderes Bairro von Caracas ist inzwischen schon im Bau.

Eine ähnliche Strategie der sozialen Befriedung durch Architektur und Infrastruktur wurde auch in Medellín in Kolumbien durchgesetzt. Hier hat der ehemalige Bürgermeister Sergio Fajardo seit 2004 einige der für ihre Drogenkriminalität berüchtigten Stadtteile durch den Bau von Schulen, Kultureinrichtungen und die Anbindung an den öffentlichen Nahverkehr in »normale« Orte zum Leben zurückverwandelt. Maßnahmen zur Reurbanisierung in diesem Maßstab können natürlich nur durch politischen Druck und mit staatlicher Finanzierung erfolgreich sein, aber in Verbindung mit hochwertig gestalteter Architektur schaffen sie neue Identifikationsmöglichkeiten für die Bürger. Die 2005 eröffnete Biblioteca España in Medellín von Giancarlo Mazzanti beispielsweise ist ein neuer öffentlicher Treffpunkt in einer Gegend geworden, die zuvor als nahezu unbetretbar galt (68|1 und 68|2).

**67|1** **Urban Metro Cable**, Caracas (YV) 2010, Urban Think Tank

## Restart

In der gegenwärtigen Gesellschaft erhält Architektur ihre Legitimation nicht mehr durch immer komplexere Form- und Materialakrobatik. Stattdessen muss sie sich wieder den grundsätzlichen Fragestellungen

68|1 und 68|2 **Biblioteca España**, Medellín
(CO) 2005, Giancarlo Mazzanti

*Der* Aga Khan Award für Architektur
*wird alle drei Jahre für hervorragende
Leistungen bei Architektur, Planung,
Restaurierung und Landschaftsarchitektur vergeben. Er zählt nicht nur zu
den höchstdotierten Architekturpreisen
der Welt, sondern auch zu jenen mit
dem deutlichsten sozialen Anspruch.
Das wichtigste Kriterium für die Preiswürdigkeit ist, dass das Bauwerk sein
Umfeld positiv beeinflusst. Die Jury
besteht aus internationalen Architekten,
Wissenschaftern, Künstlern und Experten aus der Entwicklungszusammenarbeit.*

nach: http://www.akdn.org/architecture/information.asp; http://www.detail.de/artikel_aga-khan-
award_27054_De.htm (abgerufen am 2010.2011)

der Notwendigkeit widmen und neue Zeichen für Nachhaltigkeit und Wirtschaftlichkeit setzen. Eine klare Position gegen Projekte wie etwa den Chanel-Pavillon von Zaha Hadid markiert das vom Architekten-Künstlerteam Folke Köbberling und Martin Kaltwasser ebenfalls als temporäre Struktur entworfene »Jellyfish Theatre« mit 120 Sitzplätzen in London (69|2). Es wurde mit der Unterstützung von arbeitslosen Architekten, Schreinern sowie anderen Helfern und beinahe ohne jedes Budget im Sommer 2010 innerhalb von nur neun Wochen komplett aus recycelten und gespendeten Baumaterialien wie zum Beispiel Europaletten errichtet und nach sechs Wochen Spielzeit wieder zerlegt und seinerseits zum größten Teil recycelt.

Eine sehr wichtige Aufgabe in der gegenwärtigen Neuausrichtung der Architektur spielt generell die Rückkehr zu lokalen Materialien. Ein brillantes Beispiel, wie es möglich ist, eine jahrtausendealte Technologie wie den Stampflehmbau, der in Europa noch bis zum Anfang des 20. Jahrhunderts häufig praktiziert wurde, für den Hausbau der Gegenwart neu zu befruchten, liefert Martin Rauch mit seinem 2007 fertiggestellten Wohnhaus in Schlins in Vorarlberg. Der Bau entstand unmittelbar aus dem Material, das aus der Baugrube gewonnen wurde, und verbindet ökologisches und technologisches Experiment mit hochwertiger ästhetischer Gestaltung (69|1). Damit erbringt Martin Rauch eindrucksvoll den Nachweis, dass die vergessenen Potenziale des Lehmbaus eine neue Perspektive aufzeigen können – wenn solche Bautechniken wieder verstärkte Berücksichtigung in Forschung und Entwicklung finden. Die Bedeutung eines solchen Gebäudes liegt nicht zuletzt darin, dass die neue Wertschätzung solcher Technologien in hoch entwickelten Ländern auch positiv auf Entwicklungs- und Schwellenländer ausstrahlt, in denen Lehmbau noch immer als rückständig empfunden wird. Der ägyptische Architekt Hassan Fahty hatte schon seit den 1940er-Jahren erfolglos versucht, der wachsenden Industrialisierung des Bauens, wie sie mit dem Siegeszug der internationalen Moderne und ihren Materialien Beton, Stahl und Glas auch in seinem Land einherging, eine andere, in lokalen Traditionen verankerte Bauweise entgegenzustellen. Die Tradition des Lehmbaus findet aber seit einiger Zeit als Reimport in die Entwicklungsländer wieder neue Aufmerksamkeit. Der in Burkina Faso geborene Francis Kéré beispielsweise, der durch seine Ausbildung an der TU Berlin die ökologischen und ökonomischen Zusammenhänge und Notwendigkeiten für seine Heimat besser verstehen lernte, konnte in seinem Heimatland mit der Schule in Gando ein neues Signal setzen. Die Auszeichnung mit dem Aga Kahn Award führte dazu, dass seine Arbeit auch in den Entwicklungsländern selbst als Vorbild erkannt wurde. Aber auch Anna Heringer, die in Kooperation mit Eike Roswag in Bangladesch ein ebenfalls preisgekröntes Schulprojekt als Lehmbau entwickelte, oder Emilio Caravatti, der mit seiner eigenen Stiftung in Mali versucht, dem Lehmbau wieder zu höherem Ansehen zu verhelfen, zeigen, wie sich das

Wissen, das an den Architekturschulen der entwickelten Länder gewonnen wurde, in einen nachhaltigen Nutzen für die soziale Dimension des Bauens in den Entwicklungsländern übersetzen lässt.

## Lokal und global

Wichtige Neuansätze in der Architektur der Gegenwart entstehen sehr oft dort, wo Architekten wieder aktiv auf soziale Missstände zugehen und praktische Lösungsansätze entwickeln. Gerade weil solche Initiativen außerhalb der eingefahrenen Mechanismen und Abhängigkeiten zwischen Auftraggebern und Architekten entstehen, als »unsolicited architecture« also, die ihre Auftraggeber und Orte selbst findet, entwickeln sich hieraus vielfach interessante und weiterführende Ansätze. Im Unterschied zu ihren historischen Vorgängern im 20. Jahrhundert basieren diese engagierten Projekte heute nicht auf politischen oder sozialen Theorien, sondern sie setzen meist unmittelbar an der Praxis an. Erfolge sind dabei nur langsam, durch hohen persönlichen Einsatz, genaue Kenntnis der lokalen Bedingungen und unter Einbeziehung der späteren Nutzer zu erreichen. Und im Idealfall greift die Politik solche planerischen Instrumente dann auf, um eine breitere und nachhaltige Wirksamkeit im großen Maßstab umzusetzen. Radikal sind die gesellschaftlich engagierten Projekte vor allem in ihrer Abkehr vom Luxus- und Starkult der vergangenen Jahrzehnte und in der Suche nach Auswegen für Gestaltungsfragen, die die Menschheit als Ganzes betreffen. Diese aktive Zuwendung zu den »anderen« 90 Prozent der Weltbevölkerung, jenem überwältigend großen Teil der Menschheit also, der für gewöhnlich nicht in den Vorzug von »Architektur« gelangt, ist die entscheidende Voraussetzung, um in der Öffentlichkeit wieder eine neue Glaubwürdigkeit für die soziale Dimension von Architektur zu gewinnen.

*Weitere Gesichtspunkte des sozialen und gesellschaftlichen Wandels vgl.* »*S. 60 sowie Nachhaltige Stadtentwicklung* »*S. 71f., Trendprognosen* »*S. 102, Living Ergonomics* »*S. 123, Die Forschungsinitiative »Zukunft Bau«* »*S. 137*

69|1 **Einfamilienhaus**, Schlins (A) 2007, Planungsgemeinschaft Roger Boltshauser und Martin Rauch

69|2 temporäres Veranstaltungsgebäude **Jellyfish Theatre**, London (GB) 2010, Folke Köbberling, Martin Kaltwasser

# Nachhaltige Stadtentwicklung in einem relationalen Bezugsrahmen

Text    Alain Thierstein, Anne Wiese, Isabell Nemeth

**Mit den tief greifenden wirtschaftlichen, sozialen und ökologischen Veränderungen der letzten Jahre haben sich die Rahmenbedingungen für die Stadtentwicklung fundamental gewandelt. Während einige Veränderungen universale Gültigkeit haben, sind andere lokal und spezifisch. Insbesondere die sich verstärkende Ausdifferenzierung einer Hierarchie der Städte und die globale Vernetzung wirken raumübergreifend.** Globale Stoffkreisläufe lassen vielerorts ökologische wie ökonomische Effekte entstehen, während deren Ursprung unter Umständen anderenorts im Lokalen liegt. In Europa ist der Wandel zur Wissensgesellschaft in vollem Gang. Die urbane Vielfalt erlangt eine neue Wertschätzung und wird zum Standortfaktor für kreative, wissensintensive Dienstleister. Globale Bezüge und lokale Milieus gewinnen für die Stadtentwicklung gleichermaßen an Bedeutung.

Zunehmend überregionale Wirkungskreise von Unternehmen begünstigen die Verlagerung insbesondere flächenintensiver Nutzungen an andere Standorte im In- und Ausland. Die dadurch entstehenden Lücken bedürfen einer Neuinterpretation im Bezugssystem der Stadt. Häufig geht ein derartiger Verdrängungsprozess im globalen Wettbewerb zwischen Unternehmen und zwischen Standorten mit der Schließung und Liquidierung heimischer Firmen und mit Arbeitsplatzverlusten einher. Mancherorts gelingt eine Transformation des Systems Stadt, um den neuen Anforderungen von innen und außen gerecht zu werden, insbesondere wenn der Standort für die Neuansiedlung von Bevölkerung und Unternehmen attraktiv ist. Dennoch ist es nicht nur der wirtschaftliche und demografische Wandel, der ein Umdenken in der Stadtentwicklung erfordert. Die Verknappung der weltweiten Ressourcen an fossilen Brennstoffen und der Klimawandel erzwingen eine Neupositionierung zum Thema Energie, deren Erzeugung und Konsum aus heutiger Sicht bereits wirtschaftlich, sozial und ökologisch gesehen auf nicht haltbarer Grundlage steht.[1] Stadtregionen weltweit können und müssen an dieser Stelle einen signifikanten Beitrag leisten, um Nachhaltigkeitsziele zu erfüllen, insbesondere, weil der Zuzug in Städte ungebremst zunimmt. Auf internationaler und nationaler Ebene wurden in den letzten Jahren bereits Zielvereinbarungen über die Reduktion von Treibhausgasen und die Steigerung der Energieeffizienz getroffen und in der Gesetzgebung verankert. Der Handlungsbedarf scheint damit erkannt, dennoch entbehrt das Thema nachhaltige Stadtentwicklung noch einer Systematik.

## Raumverständnis

Nachhaltige Stadtentwicklung muss über die Aspekte der Formgebung und Energieeffizienz hinaus gedacht werden und Raum als Katalysator für die Aktivitäten in der Stadt nutzbar machen, um dadurch lebenswerte Orte zu schaffen.[2] Dabei ist der gebaute Raum nur eine Raumdimension, die bedingt durch Globalisierung und Mobilität zunehmend von morphologisch diskontinuierlichen Zusammenhängen von Maßstäben und Orten geprägt ist. Als Teil der Umwelt ist der gebaute Raum geronnenes Ergebnis vergangener Aushandlungsprozesse in der Stadt. Seine Bedeutung besteht in der Regulation von Aktivitäten und Wahrnehmungen des Menschen weit über seinen Entstehungszeitpunkt hinaus. Diese Gebrauchsmuster,[3] die im Umgang mit der gebauten Stadt entstehen, sind ihrerseits Teil der aktuellen Aushandlungsprozesse.[4] Der Ort an sich ist damit kein jemals fertigzustellendes oder abzugrenzendes Produkt, sondern immer im Begriff der Entstehung befindlich,[5] insbesondere durch den zeitlichen Versatz von Ursache und Wirkung im Städtebau. Als Feld, in dem unterschiedliche Kräfte ihre Wirkung entfalten, ist er in ständiger Rückkopplung mit dem Habitus des Gebrauchs.[6] Das Feld konstituiert sich durch die Überlagerung und Durchdringung unter-

*Weitere Gesichtspunkte des sozialen und gesellschaftlichen Wandels vgl. Zurück zum Sozialen* » S. 60, 69, *Trendprognosen* » S. 102, *Living Ergonomics* » S. 123, *Die Forschungsinitiative »Zukunft Bau«* » S. 137

1

OECD/International Energy Agency (IEA): World Energy Outlook. Executive Summary. Paris 2008

2

Williams, Katie; Burton, Elizabeth; Jenks, Mike (Hrsg.): Achieving Sustainable Urban Form. London/New York 2000

3

Bourdieu, Pierre; Wacquand, Loïc: Reflexive Anthropologie. Frankfurt/M. 1996

4

Löw, Martina: Raumsoziologie. Frankfurt/M. 2001; Massey, Doreen: World City. Cambridge 2007

5

Cresswell, Tim: Geographies of Mobilities. Practices, Spaces, Subjects. London 2011

6

wie Anm. 3

*Perspektiven der Urbanität und Stadtentwicklung vgl. Parametrische Entwurfssysteme* » S. 54, *Zurück zum Sozialen* » S. 66

**7**

Castells, Manuel: Space of Flows – der Raum der Ströme. In: Stefan Bollmann (Hrsg.), Kursbuch Stadt. Stadtleben und Stadtkultur an der Jahrtausendwende. Stuttgart 1999, S. 39–81

**8**

Massey 2007, wie Anm. 4

**9**

Boudon, Philippe: The Point of View of Measurement in Architectural Conception. From Questions of Scale to Scale as Question. In: Nordic Journal of Architectural Research 01/1999, S. 7–18

**10**

Feldtkeller, Christoph (Hrsg.): Der architektonische Raum: eine Fiktion. Annäherung an eine funktionale Betrachtung. Bauwelt Fundamente 83, Braunschweig/Wiesbaden 1989; Schumacher, Patrick: Spatializing the Complexities of Contemporary Business Organization. In: Steele, Brett (Hrsg.): Corporate Fields. New Office Environments by the AA D[R]L. London 2005

**11**

Lefebvre, Henri: The Production of Space. Oxford/Cambridge 1991

**12**

Koziol, Matthias: Herausforderungen energetischer Stadterneuerung. Schlüsse aus dem deutschen Forschungsfeld. In: Bauwelt 12/2011, S. 22–31

*Fragen zur Energie und zum Umgang mit Ressourcen vgl. » S. 77 sowie Parametrische Entwurfssysteme » S. 54, Gebäude als Systeme begreifen » S. 82–93, Common Sense statt Hightech » S. 94, Bauprozesse von morgen » S. 125, Zusammenarbeit von Industrie und Forschung » S. 130, Die Forschungsinitiative »Zukunft Bau« » S. 136, 139ff.*

schiedlicher Wirkungsgefüge im Lokalen. Der gebaute Raum sticht dabei durch seine relative Permanenz hervor. Die erhöhte Mobilität von Menschen und Kapital und die damit einhergehende Definition des Lokalen als Differenzierung aus dem Globalen verlangt nach einer relationalen Sichtweise, die Austauschbeziehungen zwischen Orten als raumdefinierend betrachtet.[7] Der einzelne Ort kann damit nicht aus seinem Netz an Austauschbeziehungen herausgelöst werden, er ist vielmehr ein Feld von Interaktionen. Das Lokale ist die individuelle Ausprägung und der Entstehungsort der sich wechselseitig durchdringenden Logiken von Netzwerken[8] und bleibt Teil einer einzigen Umwelt.

Eine primäre Herausforderung stellt damit einerseits die Definition der Maßstabsebene dar, die herangezogen werden soll, um physische Eingriffe in der Stadt wirksam zu machen,[9] sowie andererseits der Entwurf des Raums, der auf den topologisch wirksamen morphologischen und funktionalen Bezügen basiert beziehungsweise diese aktiv stimuliert.[10] Daraus ergibt sich gleichzeitig eine Aufhebung der Grenze zwischen Gebäudeplanung und Städtebau, die in gleichem Maß dem Problem der Systemgrenze ausgesetzt sind. Diese Grenze behält jedoch ihre Signifikanz im gelebten Stadtraum[11] und setzt somit für die Entwicklung nachhaltiger Konzepte den Rahmen.

## Problemfeld

Die komplexen Rahmenbedingungen insbesondere von aufgelassenen Industriearealen in zentrumsnahen Lagen stellen für alle Beteiligten eine Herausforderung dar. Altbestand im Umfeld und auf den Arealen selbst erfordert eine integrierte Planungsmethode, die sowohl das Angebot als auch die Nachfrage an Raum berücksichtigt. Die zu erwartenden Wechselwirkungen sind signifikant, und jegliche Strategie muss sich mit dem lokal Spezifischen auseinandersetzen und diejenigen Faktoren herausfiltern und in ihrer Entwicklung abschätzen, die in einem dynamischen Modell der Stadtentwicklung Einfluss auf das Ergebnis haben. Der maßvolle Umgang mit den Ressourcen hat dabei oberste Priorität. So steht beispielsweise die effiziente energetische Versorgung eines städtischen Blocks in engem Zusammenspiel mit der Dimension des Fernwärmenetzes. Ein Rückgang des Bedarfs etwa durch energetische Sanierung hat Auswirkungen auf die Effizienz des Gesamtsystems und damit unter Umständen trotz lokaler Einsparungen nicht den wünschenswerten positiven Effekt.[12] Der Ausbau solcher Systeme muss also eng an die Entwicklungen in anderen Bereichen gekoppelt werden, um den zukünftigen Energiebedarf von Bestand und Neubauten mit einzubeziehen, der sich aufgrund der Eigentumsverhältnisse zumeist der direkten Beeinflussung entzieht. Langfristig angelegte Szenarien können das Verständnis für derartige Wechselwirkungen deutlich verbessern und helfen, systemrelevante Regulatoren zu entwickeln.

In gleicher Weise verlangt auch der Neubau nach einer langfristigen Perspektive in der Planung. Die Verfügbarkeit von Grundstücken, die sich als abgezäunte Industrieareale lange Zeit der Wahrnehmung entzogen haben, bieten Chancen für die Neuprogrammierung des urbanen Codes, morphologisch, funktional und sozial. Gerade angesichts der überregional auftretenden Herausforderungen der Globalisierung und des Wettbewerbs um Wissen, Human- sowie Investivkapital ist dies eine Gelegenheit, alternative Entwicklungsszenarien gegeneinander abzuwägen. Materielle und immaterielle Ressourcen müssen als charakteristische lokale Eigenarten im Rahmen der Stadtentwicklung einerseits erkannt, andererseits auch nutzbar gemacht werden. Standardlösungen wie Verdichtung und Nutzungsdurchmischung allein[13] bleiben hier weit hinter dem Potenzial zurück. Gefordert ist der Mut zum schrittweisen Planen im Rahmen einer integrierten Strategie. Die langfristige Ausrichtung erfordert visionäres Denken, das, unterstützt durch zeitgemäße Technologie, Synergie- und Konfliktpotenziale aufdeckt, während der strategische Rahmen adaptiv und flexibel genug bleibt, um Veränderungen aufzunehmen.[14] Die Entscheidung darüber, welche Maßstabsebenen von Bedeutung sind und Anwendung finden, ist ein entscheidender Schritt auf dem Weg zur effizienten Umsetzung von Nachhaltigkeitszielen, wenn dadurch das Neue im Bestehenden verankert wird. In den Fokus rücken damit nicht nur die lokale Verbesserung, sondern die bewusste Förderung von Synergieeffekten unterschiedlicher Nachhaltigkeitsdimensionen, um mit wenigen Maßnahmen der öffentlichen Hand möglichst große Wirkungen zu erzielen. Das Potenzial liegt in der Mobilisierung des Bestands – physisch und nicht-physisch – und die sich dadurch ergebende Einbettung in den lokalen Kontext, der soziale, ökologische und wirtschaftliche Nachhaltigkeit ermöglicht.[15]

## Auftreten und Kennzeichnung

Die meisten europäischen Städte sind »fertig« bebaut. Die seltenen Gelegenheiten, größere zusammenhängende Eingriffe zu planen, gewinnen damit strategische Bedeutung, um die Stadt Veränderungen anzupassen und ihre internationale Positionierung zu beeinflussen. Der trotz seiner Größe räumlich begrenzte Eingriff soll idealerweise über seine direkte Umgebung hinaus wirksam werden und für die gesamte Stadt Impulse setzen. Um eine solche Wirkung zu entfalten, ist ein gemeinsames Problemverständnis die Voraussetzung. Der Ist-Zustand muss in seiner momentanen Überlagerung raumbildender physischer und nicht-physischer Faktoren – den Ressourcen – der Stadt und des Areals dechiffriert werden.[16] Den Herausforderungen der Zukunft kann ausgehend von den existierenden Qualitäten, Mitteln und Instrumenten am besten begegnet werden, wenn die Entwicklung diese Ressourcen selektiv als Potenziale nutzt. Solche Potenziale entstehen durch die Überlagerung

13

wie Anm. 2

14

Harvey, David: Between Space and Time. Reflections on the Geographical Imagination. In: Annals of the Association of American Geographers 03/1990, S. 17

*Zum Potenzial von Umnutzungen und Sanierungen vgl. auch Zurück zum Sozialen* »S. 61f, *Gebäude als Systeme begreifen* »S. 84, *Common Sense statt Hightech* »S. 99, *Bauprozesse von morgen* »S. 127, *Die Forschungsinitiative »Zukunft Bau«* »S. 137

15

Deutscher Bundestag: Konzept Nachhaltigkeit. Vom Leitbild zur Umsetzung. Abschlussbericht der Enquete-Kommission »Schutz des Menschen und der Umwelt – Ziele und Rahmenbedingungen einer nachhaltig zukunftsverträglichen Entwicklung« des 13. Deutschen Bundestages. Berlin 1998

16

Thierstein, Alain; Langer-Wiese, Anne; Förster, Agnes: Ein Wirkungsmodell für Stadtentwicklung: Kreativ, attraktiv, wettbewerbsfähig. In: Koch, Florian; Frey, Oliver (Hrsg.): Die Zukunft der Europäischen Stadt. Stadtpolitik, Stadtplanung und Stadtgesellschaft im Wandel. Wiesbaden 2011, S. 103–118

der Angebotsseite mit der Nachfrageseite der Stadtentwicklung im Einzelfall. Europaweit existieren zahlreiche derartige Areale in zentrumsnahen Lagen: Exemplarisch sind hier die HafenCity Hamburg, Zürich-West, London Kings Cross, Nürnberg-West und München-Ost zu nennen – Areale, die innerhalb der Stadt eine nennenswerte Größe haben und sich im Begriff der Neudefinition befinden (76|2).

Einerseits eröffnet die Abwanderung und Schließung industrieller Anlagen und die damit verbundene Verfügbarkeit der Flächen Potenzial für eine Umwidmung, andererseits besteht eine spezifisch lokale Nachfrage an Wohn-, Büro- und Freiraum, die eine Umwidmung rentabel macht. Unternehmen der Wissensökonomie profitieren von der zentralen Lage dieser Areale sowie ihrer Nähe zu Kunden, Wettbewerbern und Ausbildungsinstitutionen in den Metropolregionen.[17] Sie gehören zu den Zentren, in die es insbesondere junge Menschen zieht, während ländliche Regionen zunehmend unter Bevölkerungsschwund leiden.[18] Diese Verschiebung zugunsten einiger weniger Städte in Deutschland, während die ländlichen Regionen »ausgehöhlt« werden, zeigt Abbildung 74|1.

Die zunehmende Bedeutung der Produktion, Verteilung und Anwendung von Wissen innerhalb des Wirtschaftssystems facht diese Entwicklung weiter an.[19] Wissensintensive Prozesse und Dienstleistungen gehören heute zu den entscheidenden Wettbewerbsfaktoren europäischer Unternehmen und Städte. Die relative Lage – als Folge der absoluten Lagegunst innerhalb einer vernetzten Welt – gewinnt damit eine strategische Bedeutung. Dennoch unterscheiden sich die lokalen Angebots- und Nachfragesituationen individuell. So ist London relational betrachtet ein etablierter globaler Standort, Zürich jedoch insbesondere auf europäischer Ebene von Bedeutung. Hamburg und München bilden wichtige Knotenpunkte in einem nationalen Netzwerk von Stadtregionen, Nürnbergs Bedeutung ist eher regional einzuschätzen. Unter anderem dadurch sind auch die Voraussetzungen für eine nachhaltige Entwicklung unterschiedlich, wie sich an den raumrelevanten Indikatoren Siedlungs- und Verkehrsfläche sowie durchschnittlicher Arbeitsweg ablesen lässt (75|1).

Diese Indikatoren sind Ergebnis und Ausgangspunkt von Stadtentwicklung. So haben das vorhandene Energieversorgungsnetz sowie die Transportinfrastruktur großen Einfluss auf das Potenzial eines klimagerechten Stadtumbaus. Beispielsweise unterscheiden sich die zuvor genannten Areale signifikant bezüglich ihrer Erreichbarkeit. Während Kings Cross (das sich noch im Bau befindet) stark vom Anschluss an das internationale Hochgeschwindigkeitsgleisnetz profitiert, wartet die HafenCity Hamburg (die in großen Teilen bereits fertiggestellt ist) noch immer auf den Anschluss an das U-Bahnnetz. Das hat zur Folge, dass aktuell von beiden Standorten die Fahrzeit nach Köln etwa 4 Stunden und 20 Minuten beträgt – ein Sachverhalt, der für international tätige Unternehmen, die die Zielgruppe vieler Städte darstellen, interessant ist. Die damit ver-

**17**

Florida, Richard: The Rise of the Creative Class. New York 2002; Sassen, Saskia: The Global City. New York, London, Tokyo. Bd. 1. Princeton, N. J. 1991

**18**

Thierstein, Alain; Wiese, Anne: Attracting Talents. Metropolregionen im Wettbewerb um Humankapital. In: RegioPol, Zeitschrift für Regionalwissenschaft, 1–2/2011, S. 127–137

**19**

Howells, Jeremy: Knowledge, Innovation and Location. In: Bryson, John R. u.a. (Hrsg.): Knowledge, Space, Economy. London/New York 2000, S. 50–62

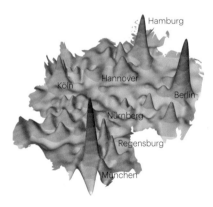

74|1 **Wanderungsstatistik** der 18–29-Jährigen zwischen 2000 und 2009 in Deutschland

bundenen Anforderungen und Profile von Nutzern liefern einen bedeutenden Beitrag dazu, dass ein Areal als Teil der Gesamtstadt funktioniert und prosperiert. Die Zielvorstellung der lebenswerten Stadt ist eng an diese Profile gebunden, die die Aktivität in der Stadt bestimmen. Im Ergebnis entsteht die Aktivität aus der Überlagerung unterschiedlicher Profile, die wiederum bestimmte Raum-Zeit-Intervalle ergeben, wie Abbildung 77|1 deutlich macht.

Familien, Angestellte, Studenten und Touristen zeichnen sich durch unterschiedliche Nutzungsmuster in Raum und Zeit aus. Die Evaluierung verschiedener Szenarien als Teil der Strategiefindung basiert auf der Auswertung der Angebots- und Nachfragesituation unterschiedlicher Benutzergruppen und hat dadurch direkten Einfluss auf das Erreichen von Nachhaltigkeitszielen. Die Nutzerintegration in einem frühen Stadium der Planung ermöglicht die Entwicklung lokal spezifischer Lösungsansätze und schafft damit den größtmöglichen Mehrwert.

Ein derartiger Stadtumbau, der den Zeitraum mehrerer Generationen überspannt, verlangt ein hohes Maß an Interdisziplinarität und ganzheitlicher Planungsmethodik. Dabei spielt das Verständnis der lokalen Eigenlogik[20] ebenso eine Rolle wie die Analyse der globalen Positionierung.[21] Entscheidend ist die Evaluation im Rahmen der Strategiebildung, die Top-down mit Bottom-up vereint.[22] Gleichzeitig geht es um die Entwicklung eines flexiblen Rahmenwerks, um Veränderungen sowohl von innen als auch von außen zuzulassen und zu integrieren.

## Konzeption

Die Entwicklung im Bestand unterscheidet sich grundlegend von der Entwicklung auf der grünen Wiese, insbesondere beim Thema Nachhaltigkeit. Der Einbezug des Umfelds ist hier unabdingbar. Eine fast ebenso große Rolle für das Erreichen von Nachhaltigkeitszielen spielen die beteiligten Akteure, insbesondere Planer, Investoren und sonstige Interessensgruppen mit ihren Vorstellungen und Möglichkeiten. Sie sind es, die Veränderungen in Unternehmen und Organisationen vorantreiben, indem sie stetig ihr Handeln mit der Umwelt abgleichen.

Unsere Konzeption der Stadt als relationales Gefüge unterschiedlicher Qualitäten und mit variierender Reichweite integriert die drei Bestandteile gebaute Stadt, genutzte Stadt und Organisation der Stadt unter dem Begriff »Ressourcen«, mit dem Ziel, den Interessensausgleich zwischen Individuum und Gemeinschaft im Sinn einer »lebenswerten Stadt« zu erreichen.[23] Im Idealfall schafft das Projekt durch die Einbettung in Wirkungszusammenhänge, die über das Areal hinausreichen, wiedererkennbare und identitätsstiftende Orte. Die Problemfelder ergeben neue räumliche Abgrenzungen, deren Potenziale und Defizite in einem transdisziplinären Prozess analysiert werden.[24] Abbildung 79|1 stellt diese Herangehensweise als Teil des Projektentwurfs für Nürnberg-West dar.

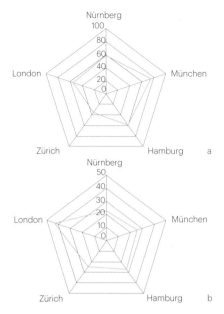

75|1 vergleichende Analyse raumrelevanter Indikatoren; a Anteil an Siedlungs- und Verkehrsfläche (in Prozent); b durchschnittlicher Arbeitsweg (in Minuten)

20

Berking, Helmuth; Löw, Martina (Hrsg.): Die Eigenlogik der Städte. Frankfurt 2008

21

Amin, Ash; Thrift, Nigel: Cities Reimagining the Urban. Cambridge 2002

22

Penrose, Edith: The Theory of the Growth of the Firm. Oxford 1959

23

UrbanUnlimited: Hardware-Software-Orgware; http://www.urbanunlimited.nl/uu/uu.nsf/0/FA1C089E2BDB115BC1256AFB0052C464?opendocument (abgerufen am 15.06.2011)

24

Mayer, Hans-Norbert: Mit Projekten planen. In: Dangschat, Oliver; Frey, Jens (Hrsg.): Strategieorientierte Planung im kooperativen Staat. Wiesbaden 2008, S. 128–150

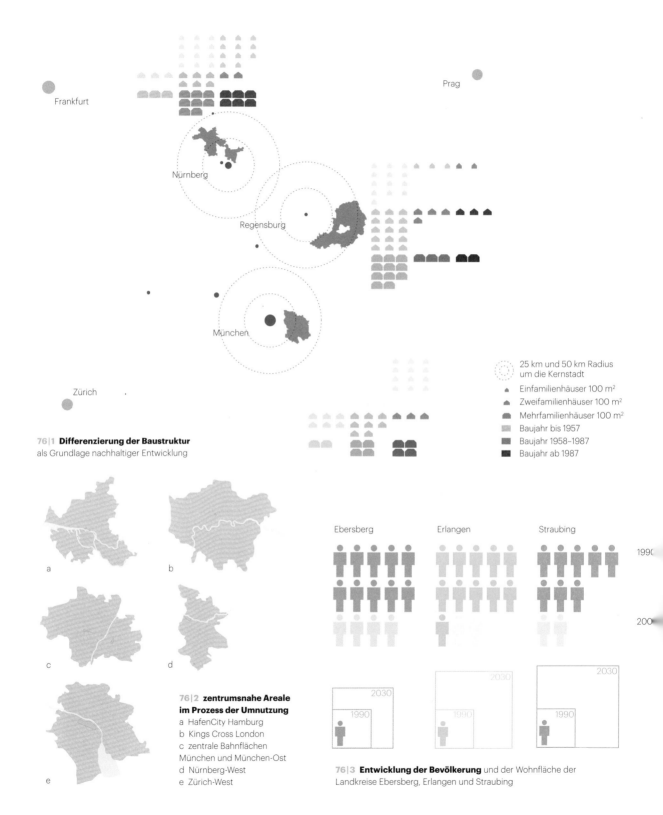

**76|1 Differenzierung der Baustruktur**
als Grundlage nachhaltiger Entwicklung

Frankfurt

Prag

Nürnberg

Regensburg

München

Zürich

25 km und 50 km Radius
um die Kernstadt

▲ Einfamilienhäuser 100 m²

🔺 Zweifamilienhäuser 100 m²

⬢ Mehrfamilienhäuser 100 m²

▪ Baujahr bis 1957

▪ Baujahr 1958–1987

▪ Baujahr ab 1987

**76|2 zentrumsnahe Areale
im Prozess der Umnutzung**
a HafenCity Hamburg
b Kings Cross London
c zentrale Bahnflächen
München und München-Ost
d Nürnberg-West
e Zürich-West

Ebersberg     Erlangen     Straubing

1990

200

2030     2030     2030
1990     1990     1990

**76|3 Entwicklung der Bevölkerung** und der Wohnfläche der
Landkreise Ebersberg, Erlangen und Straubing

Ein solcher transdisziplinärer Entwurfsprozess erfordert einen gewissen Mehraufwand im Hinblick auf Kommunikation und Abstimmung innerhalb des Teams sowie ein Umdenken bezüglich der gängigen Planungspraxis. Dennoch stehen die Werkzeuge hierfür zur Verfügung: Modellierungs- und Szenariotechniken sind durchaus in der Lage, Trendfortschreibungen zu berechnen und darzustellen. Virtuelle Projektplattformen ermöglichen den Zugriff aller Projektbeteiligten auf Dokumente, Visualisierungen machen hochkomplexe Zusammenhänge zugänglich, ohne Experte sein zu müssen.

Insbesondere im Hinblick auf die vielfältigen Abhängigkeiten in bestehenden Strukturen bietet die Trendfortschreibung mithilfe von Szenarien eine Möglichkeit, die Akteure städtischer Planungen über die Auswirkungen von Entscheidungen zu informieren und damit die Stellschrauben in der Planung eines Systems betätigen zu können. Dennoch steht vor der Abbildung der Szenarien eine aufwendige Analyse der Ausgangslage, um die Sensitivitäten des Systems abzubilden und die Annahmen in den Randbedingungen entsprechend den lokalen Gegebenheiten gestalten zu können. Die Qualität des Bezugs zu der spezifischen Situation vor Ort spielt dabei eine entscheidende Rolle und bildet die Grundlage für die Erarbeitung einer auf die örtlichen Gegebenheiten angepassten Strategie. Zur Betrachtung von Szenarien der Heizwärmebedarfsentwicklung wurde im Rahmen einer Forschungsarbeit ein Bottom-up-Modell erstellt, das die unterschiedlichen Gegebenheiten von drei bayerischen Landkreisen berücksichtigt. Die spezifischen Rahmenbedingungen des Wohngebäudebestands und weitere Faktoren wie die Bevölkerungsentwicklung (76|3) werden dabei nach regionalisierten Berechnungen berücksichtigt.[25] Die Darstellung der Verteilung der Wohnflächen auf die Gebäudetypen Ein-, Zwei- und Mehrfamilienhaus in den typischen Baualtersklassen zeigt, wie unterschiedlich die Ausgangslage des jeweiligen spezifischen Wohngebäudebestands ist (76|1). Unterschiede in der Gebäudestruktur sind vor allem anhand des Anteils der Einfamilienhäuser zu erkennen, der im Landkreis Straubing-Bogen mit einer Besiedlungsdichte von 80 Einwohnern pro Quadratkilometer besonders hoch ist.

Entsprechend der unterschiedlichen Gebäudestruktur lassen sich auch in der Entwicklung der durchschnittlichen Wohnfläche je Einwohner in den drei betrachteten Landkreisen große Unterschiede feststellen. Die durchschnittliche Wohnfläche im Landkreis Ebersberg betrug im Jahr 2008 41,10 Quadratmeter, zum selben Zeitpunkt im Landkreis Straubing-Bogen dagegen bereits 47,20 Quadratmeter, was sich im Wesentlichen auf den dort sehr hohen Anteil der Einfamilienhäuser zurückführen lässt.

Um die Entwicklung des Heizwärmebedarfs innerhalb von Szenarien betrachten zu können, wurde auf der Basis der spezifischen Gegebenheiten eine stochastische Simulationsberechnung durchgeführt, für die

*Zu Parametern, Methoden und Anwendungsbeispielen der Trendforschung vgl. Trendprognosen* » S. 108, *Bauprozesse von morgen* » S. 125, *Zusammenarbeit von Industrie und Forschung* » S. 130

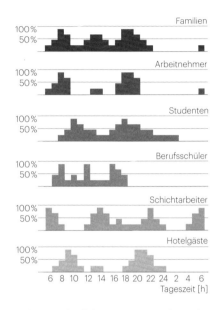

**77|1** unterschiedliche **Nutzungsintensitäten** des Stadtraums über den Tagesverlauf

25

Nemeth, Isabell: Methodenentwicklung zur Bestimmung von Potenzialen der Energieeffizienzsteigerung im Haushalts- und GHD-Sektor – Am Beispiel von drei Landkreisen in Bayern. Diss. Technische Universität München, 2011

*Fragen zur Energie und zum Umgang mit Ressourcen vgl.* » S. 72 sowie *Parametrische Entwurfssysteme* » S. 54, *Gebäude als Systeme begreifen* » S. 82–93, *Common Sense statt Hightech* » S. 94, *Bauprozesse von morgen* » S. 125, *Zusammenarbeit von Industrie und Forschung* » S. 130, *Die Forschungsinitiative »Zukunft Bau«* » S. 136, 139ff.

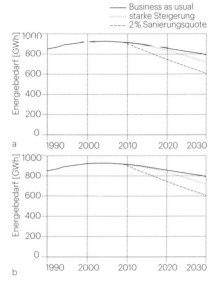

**78|1** **Prognose des Energiebedarfs** je nach Handlungsoption; a Landkreis Ebersberg; b Landkreis Straubing-Bogen

26

Healey, Patsy: Urban Complexity and Spatial Strategies. Towards a Relational Planning for Our Times. London 2007

27

Sieverts, Thomas: Zwischenstadt. Zwischen Ort und Welt, Raum und Zeit, Stadt und Land. Bauwelt Fundamente 118. Braunschweig/Wiesbaden 1997

unter anderem die landkreisspezifische Entwicklung der Wohnfläche je Einwohner sowie die Entwicklung der regionalisierten Bevölkerungszahlen von großer Bedeutung waren.

Wie die Trendfortschreibung des Heizwärmebedarfs in Szenarien für die drei bayerischen Landkreise verdeutlicht, variieren die Ergebnisse aufgrund der sehr unterschiedlichen Parameter in den spezifischen lokalen Situationen stark. Der durchschnittliche Heizwärmebedarf im Jahr 2008 liegt im Landkreis Straubing-Bogen mit ca. 200 kWh/m²a um ca. 29 Prozent höher als im Landkreis Ebersberg mit 155 kWh/m²a, daher finden sich gerade hier die höchsten Einsparpotenziale bis zum Jahr 2030. Mithilfe der Simulation der Gebäudeentwicklung anhand der spezifischen regionalen Gegebenheiten lassen sich die Szenarien klar darstellen und der Handlungsbedarf deutlich erkennen (78|1).

Durch die vorangegangene Herausarbeitung der kritischen Faktoren ist es möglich, die Auswirkungen von Eingriffen in die Bausubstanz quantitativ zu errechnen. Die dadurch darstellbaren Synergien und Hemmnisse für die Zielerreichung können eine Entscheidungshilfe sein, wenn es um die Vergabe von (finanziellen) Mitteln geht.

Die räumliche Strategie ist zugleich Produkt und Prozess. Als Prozess baut sie auf der lokalen Verwaltungsstruktur und örtlichen Wissensressourcen auf, die ihrerseits den Prozess durch Kommunikationsmuster strukturieren und die Entwicklung vorantreiben.[26] In einem ersten Schritt gilt es, die Bedürfnisse und Potenziale sowie die Möglichkeiten für den Stadtumbau zu evaluieren. Ziel ist es, ohne die Festlegung eines verbindlichen Masterplans alternative Szenarien und neuartige Zugänge zu entwickeln, die eine analytische Grundlage für die Erarbeitung flexibler und robuster Stadtentwicklungskonzepte darstellen. Die zweite Phase entwickelt daraus dann strategische Leitlinien.

## Schlussfolgerungen

Stadtentwicklung ist zu einem komplexen Feld interagierender Aktivitäten geworden, zum einen weil sich die Grenzen und Maßstabsebenen verändert haben, zum anderen weil neue Einflussfaktoren hinzugekommen sind. Der Bedarf an transdisziplinärer und vorausschauender Arbeit ist dadurch gestiegen. Angesichts knapper Kassen und bereits bestehender Städte in Europa sind die Möglichkeiten für den nachhaltig zukunftsfähigen Stadtumbau eingeschränkt. Der einzelne Eingriff gewinnt damit an Wichtigkeit, um die strategisch relevanten physischen und nichtphysischen Ressourcen in Bezug auf Nachhaltigkeit zu aktivieren. Falls es gelingt, die zahllosen kleinen Eingriffe zu koordinieren, wird das Ergebnis innerhalb der europäischen Stadt dennoch signifikant sein.[27] Der Umgang mit diesen begrenzten Möglichkeiten erfordert ein Umdenken bezüglich der bestehenden Planungsmethoden, um den vielschichtigen Herausforderungen zu begegnen, die sich durch ein relationales

Verständnis von Raum und Ort ergeben. Die Verzahnung von Wissen, das hierzu in Theorie und Praxis sowie in öffentlichen und privaten Institutionen bereits besteht, muss gezielt gefördert werden, um Konflikte zu vermeiden. Die Prozessgestaltung selbst wird so zum Gegenstand eines mehrdimensionalen Diskurses, mit dem Ziel, die Vorgehensweise als Ganzes optimal auf die Aufgabe zuzuschneiden und über Grenzen der Fachbereiche hinaus thematische Schnittstellen zu identifizieren. Der so erarbeitete konzeptionelle Rahmen leitet sich aus den Analyseergebnissen ab und ermöglicht es den Akteuren, die Relevanz ihrer Beteiligung für die jeweiligen Maßstabsebenen einzuordnen. Der Einsatz von Szenariotechniken und Geografischen Informationssystemen (GIS) kann neben anderen Methoden dieses Ziel unterstützen, indem sie Konsequenzen und Zusammenhänge zwischen einzelnen Beiträgen besser verständlich machen. Ziel ist es, das Netzwerk an Akteuren zu innovativen Ansätzen zu befähigen und einen Aushandlungsprozess zu fördern, der die so entstandene Lösung in das Feld der unterschiedlichen Maßstabs- und Aktivitätsebenen einfügt.

Geografische Informationssysteme (GIS) *dienen der Erfassung, Bearbeitung, Organisation, Analyse und Präsentation raumbezogener Informationen. Sie bieten neben der Visualisierung viele Funktionen zur Analyse der Geodaten.*

nach: Hauschild, Moritz; Karzel, Rüdiger: Digitale Prozesse, München 2010, S. 105

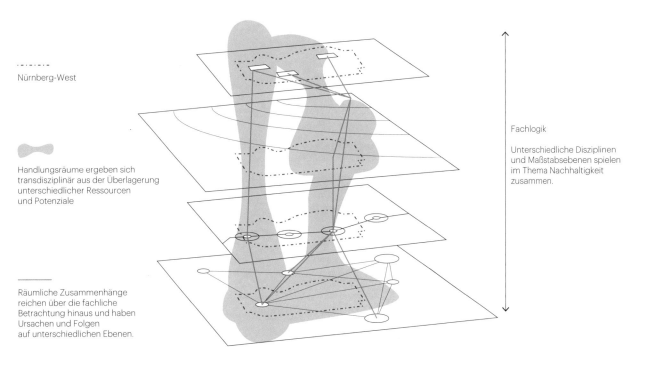

Nürnberg-West

Handlungsräume ergeben sich transdisziplinär aus der Überlagerung unterschiedlicher Ressourcen und Potenziale

Räumliche Zusammenhänge reichen über die fachliche Betrachtung hinaus und haben Ursachen und Folgen auf unterschiedlichen Ebenen.

Fachlogik

Unterschiedliche Disziplinen und Maßstabsebenen spielen im Thema Nachhaltigkeit zusammen.

79|1 **Zusammenwirken unterschiedlicher Fachlogiken** und verschiedener räumlicher Maßstabsebenen für die nachhaltige Entwicklung von Nürnberg-West

# Gebäude als Systeme begreifen – der Ort als Identitätsstifter

Text   Anja Thierfelder, Matthias Schuler

*Fragen zur Energie und zum Umgang mit Ressourcen vgl. Parametrische Entwurfssysteme » S. 54, Nachhaltige Stadtentwicklung » S. 72, 77, Common Sense statt Hightech » S. 94, Bauprozesse von morgen » S. 125, Zusammenarbeit von Industrie und Forschung » S. 130, Die Forschungsinitiative »Zukunft Bau« » S. 136, 139ff.*

**Seit der Erfindung der mechanischen Lüftung und Kühlung gerät das historische Wissen zu Gebäuden als atmende Systeme immer mehr in Vergessenheit, schließlich ist die technische Gebäudeausrüstung heute in der Lage, jedes Haus mit jedem gewünschten Klima zu versehen.**

Aber: Weltweit sind die Ressourcen begrenzt und wie im Bericht des Weltklimarats IPCC (Intergovernmental Panel on Climate Change) von Valencia aus dem Jahr 2007 festgehalten, haben Emissionen weitreichende negative Auswirkungen. Gemeinsam mit den global steigenden Energiepreisen schaffen diese Tatsachen die Basis für ein Umdenken hinsichtlich der Formen, Strukturen und Materialien sowie der Ausrichtung von Gebäuden.

Werden Architekturen und Gebäudeentwürfe ideal an die lokalen klimatischen Bedingungen angepasst, so können sie zu atmenden Systemen werden. Solche Gebäude lassen sich dann mehrere Monate im Jahr oder sogar ganzjährig natürlich belüften, belichten und klimatisieren. Wenn das Gebäude selbst das Basissystem darstellt und es nicht Maschinen sind, die dem Gebäude zur Funktionalität verhelfen, kann für die Nutzer ein Lebens- und Arbeitsraum mit komfortablen Bedingungen entstehen. Ausgangspunkt allen Planens ist also der Platz zum Bauen oder, weiter gefasst, die Örtlichkeit. Das leuchtet ein, denn Architektur entsteht nicht im Nichts, sondern in städtischer und landschaftlicher Umgebung. Und jede Umgebung hat ihre ureigensten Besonderheiten, ihren Genius Loci.

Der norwegische Architekt und Architekturkritiker Christian Norberg-Schulz war der Überzeugung, dass sich Phänomene der Architektur nicht mit analytischen, wissenschaftlichen Begriffen beschreiben lassen und verfasste deshalb seine Phänomenologie der Architektur, die er 1976 unter dem Titel »Genius Loci« veröffentlichte.[1] Nach Norberg-Schulz ist ein Ort immer ein Ganzes, bestehend aus konkreten Dingen, die materielle Substanz, Form, Oberfläche und Farbe besitzen; ein Ort ist ein qualitatives Gesamtphänomen, auch Atmosphäre oder Charakter genannt. Ausrichtung und Identifikation sind die Voraussetzungen, um sich in einem Raum zurechtfinden zu können. Ausrichtung bedeutet Konstitution von Raum, somit ist die Identifikation nur möglich, wenn der Raum einen eindeutigen, klar definierten Charakter hat, einen Genius Loci.[2]

Das Buch von Norberg-Schulz wurde viel beachtet – der Begriff Genius Loci war lange Zeit in aller Munde und geriet dann beinahe in Vergessenheit. Erst mit dem aufkommenden Überdruss an einer weltweiten Gleichförmigkeit infolge der sogenannten Globalisierung taucht der Begriff nun gemeinsam mit Ausdrücken wie Identität oder Authentizität im internationalen Architekturdiskurs wieder öfter auf.

Jean Nouvel, einer der prominentesten zeitgenössischen international tätigen Architekten und Pritzkerpreisträger 2008, beklagte beispielsweise 2005 in seinem »Louisiana Manifesto«[3], dass Architektur mehr denn je zuvor Plätze verdirbt, banalisiert und verletzt. Wirtschaftliche Interessen setzen weltweit den Akzent auf dominante Architektur, die vorgibt, keinen Kontext zu brauchen. Nouvel spricht von einer Konfrontation zwischen situativen Architekten und den Profiteuren der dekontextualisierten Architektur. Er fordert: »Wir müssen einfühlsame, poetische Regeln schaffen, Ansätze, die von Farben, Essenzen, Charakteren, den Besonderheiten von Regen, Wind, Meer und den Bergen [...] sprechen [...]. Die Ideologie des Spezifischen trachtet nach Autonomie, um die Ressourcen des Ortes und der Zeit zu nutzen – bis hin zu nichtmateriellen Privilegien. Wie können wir nutzen, was nur hier ist und sonst nirgendwo? Wie können wir ohne zu karikieren einen Unterschied aufzeigen? Wie erreichen wir Tiefe? [...] Architektur bedeutet Transformation und Organisa-

**1**

Norberg-Schultz, Christian: Genius Loci. Towards a Phenomenology of Architecture. New York 1991

**2**

Führ, Eduard: »genius loci«. Phänomen oder Phantom? Wolkenkuckucksheim, 02/1998

*Der 1988 von den UN-Behörden für Meteorologie (WMO) und Umwelt (UNEP) ins Leben gerufene Weltklimarat (Intergovernmental Panel on Climate Change – IPCC) hat sich als wichtige Institution für die Klimaforschung etabliert. Er führt keine eigenen Forschungsprojekte durch, sondern dient als zwischenstaatlicher Ausschuss Wissenschaftlern und weiteren Vertretern aus mehr als 100 Staaten zum Wissensaustausch. Sie tragen Ergebnisse wissenschaftlicher Studien zusammen und analysieren diese.*

nach: http://www.bpb.de/themen/W4XKVV,0,0,20_Jahre_Weltklimarat.html (abgerufen am 20.10.2011)

**3**

Jean Nouvel: Louisiana Manifesto. Hrsg. von Michael Juul Holm. Louisiana Museum of Modern Art. 2008

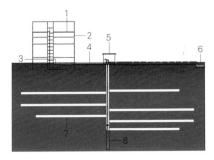

**84|1 Energiekonzept** Zollverein School, Essen
1 Bauteilheizung
2 Außenwand mit aktiver Dämmung
3 Frischlufterwärmung
4 Nahwärmeleitung
5 Wärmetauscheranlage (Grubenwasser/Wasser)
6 Fluss Emscher
7 1200 Meter tiefer Grubenschacht
8 Grubenwasser (ca. 35 °C)

84|2 Die aktive Dämmung ermöglicht 30 Zentimeter starke **monolithische Wände aus Beton**. Zollverein School, Essen

*Zum Potenzial von Umnutzungen und Sanierungen vgl. Zurück zum Sozialen* » *S. 61f*, *Nachhaltige Stadtentwicklung* » *S. 73*, *Common Sense statt Hightech* » *S. 99*, *Bauprozesse von morgen* » *S. 127*, *Die Forschungsinitiative »Zukunft Bau«* » *S. 137*

tion der Veränderungen im Bestand [...] Architektur sollte sich als Modifikation eines physikalischen, atomaren und biologischen Kontinuums verstehen [...] Architektur bedeutet die Anpassung des Zustands eines Ortes zu einer bestimmten Zeit durch die Willenskraft, die Lust und das Wissen bestimmter Menschen. Wir tun dies nie alleine.«

Architekturtheoretiker Norberg-Schulz und Architekt Nouvel reden beide vom Genius Loci, vom Geist eines Ortes, als Ausgangspunkt für gehaltvolle, verortete Architektur. Wir als Klimaingenieure beginnen jedes Projekt mit einem direkten und messbaren ortsspezifischen Ansatz: Die Klimadaten eines jeden Standorts sind einzigartig, an keinen zwei Stellen der Welt identisch. Die Ermittlung und Analyse dieser Merkmale ist der erste Schritt unserer Arbeit und die unmittelbare Voraussetzung für alle weiteren Entscheidungen.

Die Ortsanalyse beschränkt sich aber nicht auf die Ermittlung messbarer Wetterdaten – wenn man so will, sind auch wir auf unsere Weise auf der Suche nach dem Geist des Ortes: Welche Potenziale bieten der Bauplatz und die Nachbarschaft? Wie lassen sie sich möglichst kreativ und effektiv für das geplante Bauvorhaben nutzen? Welche Besonderheiten fallen auf? Was sollte geschützt oder erhalten werden? Welche Verbesserungen wären erstrebenswert? Welcher Eingriff wird voraussichtlich welche Konsequenzen nach sich ziehen?

Auf der Basis dieser Erkenntnisse entstehen auf Standort und Bauaufgabe abgestimmte Klimakonzeptionen. Dabei sind die herausragenden Projekte diejenigen mit einem eindeutigen Ortsbezug, mit einer einmaligen, auf keinen anderen Ort übertragbaren technischen Lösung. In solchen Fällen kann Klimaengineering die Besonderheit der Architektur stärken und so zur Identität des Ortes beitragen.

## Projektbeispiele

**Zollverein School, Essen (D) 2006, SANAA**  Von 1851 bis 1986 diente die Zeche Zollverein dem Abbau von Steinkohle zur Energiegewinnung für die Stahlproduktion im Ruhrgebiet. Seit ihrer Schließung wurde zur Trockenhaltung der Zeche für eine mögliche spätere Nutzung weiterhin Wasser ungenutzt aus den Galerien abgeleitet, teilweise aus Tiefen von bis zu 1000 Metern. Dieses mit einem Massenstrom von 600 m³/h heraufgepumpte Grubenwasser hat ganzjährig eine Temperatur von ca. 29 °C. Das Klima in Essen ist gemäßigt, die Temperaturen fallen selten unter den Gefrierpunkt oder steigen über 30 °C.

Als Teil der umfassenden Reorganisationsbemühungen im Ruhrgebiet wurde das Projekt Zollverein School am Rand der Zeche Zollverein geschaffen. Das Architekturbüro SANAA aus Tokio gewann den internationalen Wettbewerb mit dem Entwurf eines einfachen Betonkubus mit markanten Fensteröffnungen. Die Verwendung von Grubenwasser als standortspezifische Energiequelle ermöglichte die Realisierung der architektonischen Idee monolithischer Wände aus Beton mit einer Stärke von nur 30 Zentimetern (84|2). So entstand ein völlig neues Konzept der »aktiven Dämmung«, ein System, bei dem in einer monolithischen Betonwand Kunststoffrohre liegen, durch die das Grubenwasser fließt und so die Wand erwärmt. Diese »aktive« Wärmedämmung sorgt dafür, dass die Oberflächentemperatur der Innenwand stets über 18 °C und somit im Komfortbereich für einen beheizten Raum liegt. Da die Außenwand nicht wärmegedämmt ist, verliert das System ca. 80 Prozent der Wärme an die Umgebung, aufgrund der kostenlosen und $CO_2$-unabhängigen Energiequelle lassen sich diese Verluste jedoch tolerieren. Zudem war der monolithische Wandaufbau selbst mit dem integrierten Rohrsystem wesentlich kostengünstiger als eine zweischalige Betonwand und sparte so mehr Geld, als das Grubenwassersystem kostete. Dies war einer der Hauptgründe, warum sich das Geothermiesystem für die Zollverein School realisieren ließ, während ein ähnliches System für ein benachbartes Gebäude, bei dem die hohen Investitionskosten nicht durch Einsparungen gedeckt worden wären, nicht umgesetzt wurde.

Basierend auf der Idee, das freie Potenzial an erneuerbarer Energie im Grubenwasser zur Heizung des Gebäudes einzusetzen, entstand an der Oberfläche des Minenschachts ein sekundärer Wasserkreislauf mit einem Wärmetauscher als Fernwärmequelle für die Zollverein School. Dieser sekundäre Kreislauf ist wegen der schlechten Wasserqualität des Grubenwassers notwendig. Der Wärmetauscher ist für regelmäßige Wartungen zugänglich, um eine ordnungsgemäße Funktion zu gewährleisten. Vor Baubeginn mussten Wasseranalysen und Materialtests durchgeführt werden, um die Funktionalität des Systems zu prüfen.

Das einzigartige Energiekonzept (84|1) entsteht durch Nutzung der standortspezifischen Bedingungen und stellt eine Lösung dar, die nur für die Zollverein School in Essen sinnvoll ist und gleichzeitig die lokale historische Tradition des Bergbaus widerspiegelt. Es gibt bereits weiterführende Ideen zur Nutzung des Grubenwassers als lokale, $CO_2$-freie Energiequelle.

Wintertag

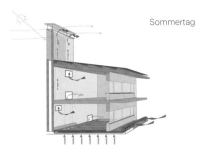

Sommertag

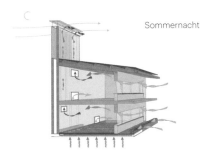

Sommernacht

85|1 **Windgestützte Solarkamine** sorgen für eine natürliche Be- und Entlüftung der Klassenzimmer. Lycée Charles de Gaulle, Damaskus

### Lycée Charles de Gaulle, Damaskus (SYR) 2009, Ateliers Lion

Für die neue französische Schule in Damaskus wurde Transsolar beauftragt, in Zusammenarbeit mit den Architekten von Ateliers Lion ein Klimakonzept zu entwickeln, das auf die lokalen klimatischen Bedingungen abgestimmt ist – ein trockenes Wüstenklima mit heißen Tagen und kalten Nächten.

Der Schulkomplex besteht aus mehreren kleinen Gebäuden mit jeweils zwei übereinanderliegenden Klassenräumen, die über begrünte Innenhöfe verbunden sind (85|2). Das Ziel war, eine Lowtech-Lösung für Belüftung und Klimatisierung der Klassenräume zu finden und dabei mit lokalen Materialien eine moderne Interpretation der traditionellen Architektur zu schaffen.

85|2 Kleine Gebäude mit jeweils zwei übereinanderliegenden Klassenräumen sind über **begrünte Innenhöfe** verbunden. Lycée Charles de Gaulle, Damaskus

86|1 Hauptsitz der Deutschen Post, Bonn

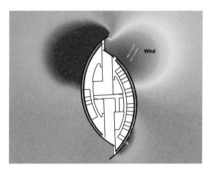

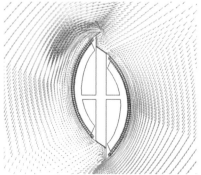

86|2 Die **Ergebnisse der Strömungssimulation** zeigen die Winddrücke auf die Fassade. Daraus entstand das Konzept der offenen Korridor-Doppelfassade, das eine natürliche Belüftung der Büros zulässt. Deutsche Post, Bonn

Windgestützte Solarkamine sorgen für eine natürliche Querlüftung durch die Klassenzimmer (85|1). Sie sind auf einer Seite mit Polycarbonat-Platten ausgestattet, um die Sonnenstrahlung einzufangen und die Kaminwirkung zu verstärken. Tagsüber kommt die Frischluft für die Klassenräume entweder direkt aus dem schattigen Mikroklima der Innenhöfe oder vorgekühlt aus den Miniatur-Erdkanälen, die als Rohre in die Bodenplatten eingebettet sind. Regulierbare Klappen ermöglichen eine Kontrolle der Belüftung.

Nachts gibt die thermische Masse der Kamine die tagsüber gespeicherte Hitze ab und saugt dadurch kühle Nachtluft durch die offenen Fenster und Rohrleitungen in das Gebäude. Das führt zur Abkühlung der thermischen Masse in den Klassenzimmern und begrenzt die Raumtemperaturen am folgenden Tag. Im Sommer verschattet tagsüber ein Sonnenschutz den Innenhof, nachts bleibt er offen, um eine Abkühlung durch Wärmeabstrahlung in den Himmel zu erreichen. Im Winter ist der Betrieb umgekehrt, um solare Gewinne zu speichern und ihren Verlust zum klaren Nachthimmel zu verhindern.

**Deutsche Post, Bonn (D) 2003, Murphy/Jahn Architects** Die Deutsche Post wurde während der Planungzeit für ihre neue Zentrale in Bonn privatisiert. Daher konnte das ehemalige staatliche Unternehmen beschließen, in der alten Hauptstadt zu bleiben, anstatt wie die deutsche Regierung nach Berlin zu ziehen. Als eines der weltweit führenden Logistikunternehmen sollte der neue Hauptsitz einen innovativen Beitrag zur Firmenidentität leisten. Die Auslobung des Wettbewerbs formulierte als Anforderung hohen Nutzerkomfort mit hochwertiger Arbeitsplatzqualität bei gleichzeitig niedrigen Betriebs- und Energiekosten.

Das Grundstück befindet sich direkt am Rheinufer, durch die Uferfiltration liegt der Grundwasserspiegel sehr hoch. Grundwasserbrunnen mit nur 30 Metern Tiefe liefern kaltes Wasser, das bei einer mittleren Bodentemperatur von 10 °C selbst während der Sommertage maximal 15 °C aufweist. Der Standort des neuen Gebäudes inmitten einer Parklandschaft bietet ideale Bedingungen für eine öffenbare Fassade.

Mit seiner geschwungenen Form reagiert das Gebäude auf die typischen lokalen Windrichtungen (86|1). Es bietet einen minimalen Windwiderstand und ermöglicht die Belüftung des Gebäudes unter Ausnutzung der es umgebenden Druckunterschiede. Aufgrund der Nord-Süd-Orientierung sind die Doppelfassaden mit zwei verschiedenen Geometrien und unterschiedlichen Tiefen ausgebildet: glatt in Richtung Norden und mit Schuppen nach Süden, um eine bessere Belüftung bei höheren solaren Einträgen zu ermöglichen. Zentral gesteuerte Öffnungen in der äußeren Hülle gleichen die Druckdifferenzen in der Doppelfassade aus, sodass die Benutzer ihre Fenster in der inneren Fassade bei allen Wetterbedingungen öffnen können. Der Fassadenzwischenraum bietet Windschutz für den außen liegenden Sonnenschutz und dient der

Gebäude als Systeme begreifen – der Ort als Identitätsstifter

Druckregelung für die Fassadenöffnungen. Zudem sorgt er für die Verteilung der frischen Luft, während Skygärten die Funktion von Abluftkaminen übernehmen. Damit konnten vertikale Schächte zur Be- und Entlüftung entfallen und die Flächeneffizienz maximiert werden.

## Masdar City Masterplan, Abu Dhabi (UAE) 2007, Foster + Partners

Abu Dhabi, die Hauptstadt der Vereinigten Arabischen Emirate, liegt am Persischen Golf, der sich aufgrund der begrenzten Wassertiefe entlang der Küste im Sommer auf etwa 35 °C erwärmt. Mit der Meeresbrise gelangt tagsüber von Nordwesten warme und feuchte Luft in die Stadt und erwärmt sie im Sommer auf bis zu 47 °C. Bis in die 1960er-Jahre wurde die Lage am Meer nur in der Zeit von Oktober bis April für das Perlentauchen genutzt, da in diesen Monaten die klimatischen Bedingungen in der Stadt angenehm sind. Im Sommer dagegen zogen die Menschen nach Al Ain in die Berge, um zumindest der Feuchtigkeit zu entkommen.

Masdar Development, die Vision der Regierung der Vereinigten Arabischen Emirate für die erste klimaneutrale Stadt der Welt, berücksichtigt die Bedingungen an diesem vielleicht sonnigsten Ort auf dem ganzen Planeten mit hohen solaren Gewinnen von 2,00 bis 2,20 kWh/m²a. Bei der Stadtentwicklung ist thermischer Komfort in den Außenbereichen unerlässlich, wird allerdings im heutigen Abu Dhabi nicht berücksichtigt – in den breiten Alleen »schmelzen« die Fußgänger förmlich, bevor sie die andere Straßenseite erreichen.

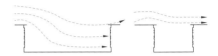

**87|1** Die **begrenzten Straßenlängen und -breiten** verhindern heiße Fallwinde. Masdar City, Abu Dhabi

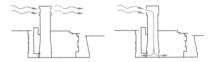

**87|2 Neuinterpretation der historischen Windtürme**: tagsüber dienen sie als Windschutz, nachts belüften sie die Straßen. Masdar City, Abu Dhabi

**87|3** Schmale Parks ziehen sich als **grüne Finger** durch die Stadt. Masdar City, Abu Dhabi

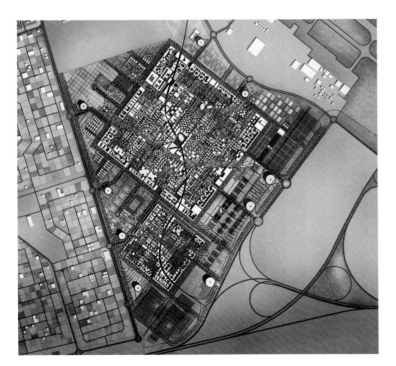

**88|1 und 88|2** Acht durch Brücken verbundene Wohntürme ordnen sich um eine **zentrale Park- und Wasserlandschaft** als öffentlichem Raum. Linked Hybrid, Peking

Urban-Heat-Island-Effekt *Die im Vergleich zum Umland höheren Luft- und Oberflächentemperaturen in Siedlungsgebieten werden als »städtische Wärmeinseln« (Urban Heat Islands – UHI) bezeichnet. Ihre Intensität ist abhängig von der Wetterlage und zeigt eine enge Bindung an die Tages- und Jahreszeit.*

nach: Kuttler, Wilhelm: Stadtklima. Teil 2: Phänomene und Wirkungen. Universität Duisburg-Essen, Institut für Geographie, Abt. Angewandte Klimatologie und Landschaftsökologie, 2004

Aufgrund der klimatischen Vorgaben und basierend auf mehreren Simulationsergebnissen sowie Modelltests im Windkanal schlägt der Masterplan unter Berücksichtigung des lokalen Makro- und Mikroklimas Maßnahmen vor, um die Temperaturen in den Straßen unter denen außerhalb der Stadt zu halten. Dazu sorgen die Gebäude sowie ihre Orientierung für Verschattung in den engen Straßen, und der Wind fällt durch eine Begrenzung der Straßenlängen nicht in die Straßenschluchten ein (87|1). Auch interpretiert die »kalte Insel« Masdar – im Gegensatz zum bekannten Urban-Heat-Island-Effekt – die historischen Windtürme neu (87|2), um die Straßen nachts zu belüften und sie tagsüber gegen den heißen Sommerwind zu schützen. Lineare Parks ziehen sich als grüne Finger von Nordwesten nach Osten durch die Stadt (87|3), um einerseits eine Grundbelüftung zu ermöglichen und andererseits durch ihre Ausrichtung die kühleren Ostwinde einzufangen. Dank dieser Anstrengungen zur Gewährleistung des thermischen und visuellen Komforts des städtischen Raums stehen die Gebäude in der Stadt nun vollkommen anderen Außenbedingungen gegenüber – schattig und kühl – als sie in der umgebenden Wüste herrschen. Dies hat einen direkten positiven Einfluss auf den Energieverbrauch von Masdar.

### Linked Hybrid Building, Peking (RC) 2009, Steven Holl Architects

In China besteht durch die schnell wachsende Ökonomie eine enorme Nachfrage an qualitativ hochwertigen Wohnungen in den Stadtzentren. Umweltschäden infolge des wirtschaftlichen Wachstums und begrenzte Energieressourcen drängen das Land zu großen Anstrengungen in Bezug auf energieeffiziente Gebäude. Der Komplex Linked Hybrid befindet sich in direkter Nachbarschaft zu zwei nachhaltig konzipierten Wohntürmen, die der Projektentwickler Modern Group mit den Architekten Baumschlager Eberle gebaut hat und die den ökologischen Standard in diesem Stadtteil vorgaben.

Steven Holl Architects entwarfen für Linked Hybrid acht Wohntürme mit 750 Wohnungen für 2500 Menschen, die sich um eine zentrale Park- und Wasserlandschaft mit einem See als öffentlichen Raum anordnen (88|1 und 88|2). Für die Bewohner stehen in den Verbindungsbrücken in der 23. Etage halbprivate Bereiche mit Spa, Pool, Fitnessraum, Kunstgalerie und einem Café zur Verfügung. Das architektonische Konzept erlaubt einen öffentlichen Zugang zu den Erdgeschossen, in denen sich Läden, ein Restaurant sowie eine Schule und ein Kindergarten befinden, die jeweils Zugang zu der Parklandschaft zwischen den Türmen haben, sodass keine »gated community« entsteht. Trotzdem erfüllt die Anlage die Sicherheitsanforderungen der Bewohner. Der 7800 Quadratmeter großen See steht für das Element Wasser – eine knappe Ressource in Peking – und wird durch das Grauwasser aus den Wohnungen gespeist. Pekings Außentemperatur von durchschnittlich 12 °C erlaubt es, den Boden als natürliche Heiz- und Kühlquelle zu nutzen. Zu diesem Zweck wurden für das Projekt 600 Erdsonden mit je 100 Metern Tiefe gebaut, die als Kühl- oder Wärmequelle für reversible Wärmepumpen und während bestimmter Zeiten des Jahres als direkte Kühlquelle dienen. Voraussetzung für ein solches energieeffizientes Konzept ist die Minimierung der externen Lasten. Dies geschieht durch eine hochwärmegedämmte Gebäudehülle, öffenbare Fenster, eine mechanische Be- und Entlüftung nach dem Quellluftprinzip mit zentraler Wärmerückgewinnung sowie den Einsatz von windstabilem externem Sonnenschutz an exponierten Fassaden. Um die Vorteile der natürlichen Bodentemperatur zu nutzen, wurde eine Bauteilaktivierung der offenen Geschossdecken als grundlegende Raumkonditionierung eingesetzt. Auch mit allen erhältlichen Energiesparfunktionen ausgestattet, bleibt der Kühlbedarf des Gebäudes jedoch höher als der Heizwärmebedarf. In der Folge hebt die Geothermie die Bodentemperaturen im Erdsondenfeld im Jahreszyklus an. Eine Regeneration der Temperatur des Erdreichs erfolgt im Frühjahr durch die Bohrpfähle, die die Oberfläche des Sees als natürliche Kühleinheit nutzen.

## Manitoba Hydro Place, Winnipeg (CDN) 2009, KPMB Architects

Winnipeg mit seinen über 500 000 Einwohnern ist die kälteste Stadt der Welt, aber gleichzeitig auch der sonnigste Ort in Kanada mit den heißesten und feuchtesten Sommern im Land (was sich auch in der höchsten Anzahl an Klimaanlagen pro Kopf ausdrückt). Die Temperaturen schwanken im Lauf des Jahres um 70 °C, mit Temperaturen unter -35 °C im Winter beziehungsweise über 35 °C im Sommer.

Die neue 64 800 Quadratmeter große Hauptverwaltung für Manitoba Hydro wurde ganz bewusst vom Stadtrand in die Innenstadt von Winnipeg verlegt. Als viertgrößter Stromversorger Kanadas sollte das neue Gebäude einen Quantensprung in Sachen Energieeffizienz und Verringerung von $CO_2$-Emissionen darstellen und gleichzeitig mit seinen 2500 Arbeitsplätzen zur Wiederbelebung der Innenstadt beitragen. Ein primäres Ziel bestand darin, den Energieverbrauch bis zu 60 Prozent unter den nationalen Standard zu reduzieren. Ein integraler Planungsprozess (Integrated Design Process – IDP) war Voraussetzung für die Realisierung der hochgesteckten Projektziele, die Ästhetik, nachhaltiges Design und Energieeffizienz verbinden.

Um die Energieeinsparung von 60 Prozent zu erreichen, wurde der Einsatz passiver Systeme maximiert und eine mechanische Grundlüftung, aber auch eine natürliche Lüftung über öffenbare Fenster realisiert. Die Form und Massierung des Bürohochhauses erlauben optimale Nutzung von Solar- und Windenergie. Das Gebäude wird in drei saisonalen Modi – Winter, Sommer, Frühling/Herbst – betrieben. Die zwei Türme »verschmelzen« im Norden, wodurch eine Öffnung zur Südseite entsteht (89|1), um die Sonneneinstrahlung und die starken Südwinde, die einzigartig sind für Winnipeg, zu nutzen. Dieser Raum ist in sechsgeschossige

89|1 Nach Süden sich der Turm zu drei **sechsgeschossigen Wintergärten**, um die winterliche , um die Sonneneinstrahlung und die starken Südwinde zu nutzen. Manitoba Hydro Place, Winnipeg

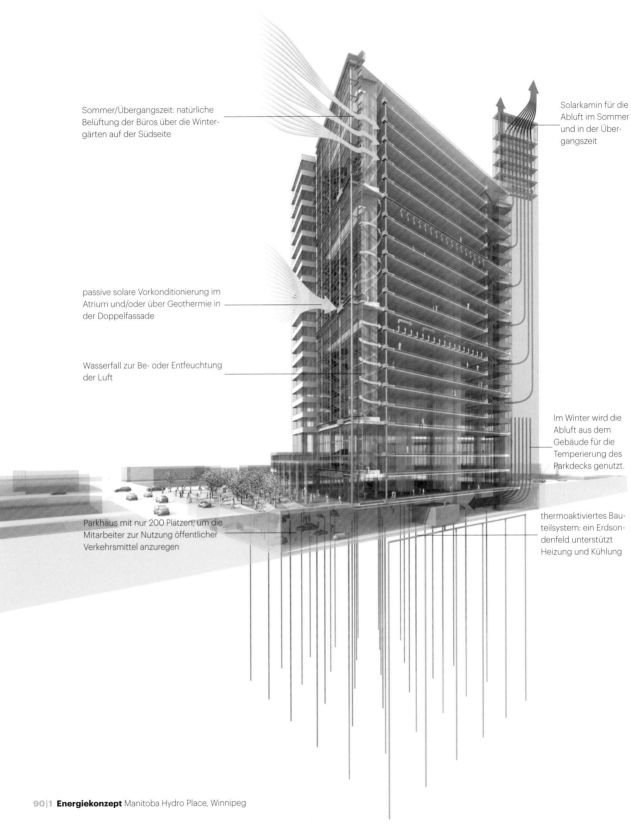

Sommer/Übergangszeit: natürliche Belüftung der Büros über die Wintergärten auf der Südseite

Solarkamin für die Abluft im Sommer und in der Übergangszeit

passive solare Vorkonditionierung im Atrium und/oder über Geothermie in der Doppelfassade

Wasserfall zur Be- oder Entfeuchtung der Luft

Im Winter wird die Abluft aus dem Gebäude für die Temperierung des Parkdecks genutzt.

Parkhaus mit nur 200 Plätzen, um die Mitarbeiter zur Nutzung öffentlicher Verkehrsmittel anzuregen

thermoaktiviertes Bauteilsystem: ein Erdsondenfeld unterstützt Heizung und Kühlung

**90|1 Energiekonzept** Manitoba Hydro Place, Winnipeg

Gebäude als Systeme begreifen – der Ort als Identitätsstifter

gestapelte Atrien unterteilt, die als Solarkollektoren und in Kombination mit dem Solarkamin als »Lunge« des Gebäudes für eine maximale Frischluftzufuhr sorgen (90|1).

Das Projekt zeigt nicht nur den Wert der integralen Planung zum Erreichen von umwelttechnischen und ökologischen Zielen auf, sondern betont, dass durch diesen Prozess im Ergebnis weit mehr entsteht: Architektur, die gesunde und hochwertige Arbeitsumgebungen schafft sowie eine Aktivierung des öffentlichen Raums bewirkt, zur städtischen Lebensqualität beiträgt und somit eine Investition in die Zukunft darstellt.

**Charles Hostler Student Center, American University of Beirut (AUB), Beirut (RL) 2008, Vincent James Associates Architects** Die American University of Beirut (AUB) wurde 1866 als private, unabhängige und konfessionsfreie Institution der höheren Bildung gegründet. Heute hat sie über 7000 Studierende auf einem 73 Hektar großen Campus mit Blick auf das Mittelmeer – eine der letzten Grünflächen in der Innenstadt Beiruts, genannt »Garden of Beirut«. Aus der dichten Bepflanzung des Nordhangs, auf dem die Universität liegt, ergeben sich auf dem Campus einzigartige mikroklimatische Bedingungen. Sie sorgen für natürliche Belüftung, indem die kühle Luft in die unteren Bereiche des Campus fällt.

91|1 Charles Hostler Student Center, Beirut

Das Charles Hostler Student Center umfasst eine große Sport- und Basketballhalle, ein Hallenbad, Squashplätzen, ein Auditorium, Büros und ein Café. Es liegt direkt an der Corniche von Beirut, wobei die einzelnen Funktionen in separaten Gebäuden mit dazwischenliegenden Freiräumen untergebracht sind, sodass der vor Ort herrschende Wind durch das Gelände strömen kann. Das Ensemble profitiert durch die Nutzung der saisonalen Windverhältnisse und des Zyklus von Land- und Seewinden von der konstanten Luftbewegung, sodass die Räume zwischen den Gebäuden abkühlen. Da die Gebäude zum Meer und parallel zum Hügel ausgerichtet sind, wird die natürliche Luftströmung nicht unterbrochen und führt zum gewünschten Kühleffekt sowie zur Verbesserung der Innen- und Außenluftqualität.

Die Oberflächenmaterialien der Höfe, Gänge und Wände sind entsprechend den optischen und thermischen Anforderungen gewählt (91|1) – sie absorbieren die Sonnenstrahlung, vermeiden aber Blendung. Sandsteinmauern bieten thermische Masse für kühle Strahlung während des Tages, Wasserwände mit Meerwasser unterstützen das Mikroklima. Die Bauteilaktivierung zur Kühlung und Heizung wird von einer zentralen Anlage versorgt. Die Wärmeabfuhr der Kühlanlagen erfolgt ausschließlich über Grundwasserbrunnen – an diesem Standort infiltrierendes Meerwasser – mit Temperaturen im Winter von 15 °C und im Sommer von maximal 26 °C. Das Brackwasser fließt direkt zurück ins Mittelmeer. So arbeitet die Anlage ohne Kühlturm, und die Gebäudedächer können frei von technischen Aufbauten bleiben.

Die Dächer des Auditoriums, der Squashanlage und des Cafés sind für die Öffentlichkeit zugänglich, sie bieten einen schönen Ausblick und sammeln gleichzeitig Regenwasser, das in einer Zisterne gespeichert wird. In den heißen und feuchten Sommermonaten sorgen Strahlungskühlung und mechanische Grundlüftung in den Räumen für eine hervorragende thermische Behaglichkeit.

**Louvre Abu Dhabi, Abu Dhabi (UAE), in Planung, Ateliers Jean Nouvel** Auf Beschluss des Herrscherrats der Vereinigten Arabischen Emirate soll auf Saadiyat Island vor Abu Dhabi eine Kulturstadt mit vier Museen und einem Komplex für darstellende Künste als wichtigste Sehenswürdigkeiten entstehen. Die speziellen Anforderungen in Abu Dhabi mit seinem heißen und feuchten Klima im Sommer wurden bereits im Zusammenhang mit dem Masterplan für Masdar beschrieben (» S. 87). Die großen solaren Gewinne – die Sonne steht in den Sommermonaten fast im Zenit – stellen hohe Anforderungen an die Beschattung und Lichtfilterung, deren Erfüllung eine lange Tradition in der arabischen Baugeschichte hat. In einer Oase, dem Zentrum des Lebens in einer Wüstenregion, bilden Palmen immer die erste Beschattungs- und Filterschicht, unter der andere Pflanzen gedeihen können und sich das Leben im Freien abspielt.

Das Ateliers Jean Nouvel wurde damit beauftragt, den Louvre Abu Dhabi an einem Standort direkt am Meer zu gestalten. Es sollte ein klassisches Museum in Anlehnung an bestehende französischen Museen wie den Louvre, das Centre Pompidou oder das Musée Quai Branly werden. Der Entwurf sieht ein Ensemble auf einer künstlichen Insel mit einzelnen Gebäudewürfeln vor, die das Raumprogramm des Museums aufnehmen. Dazwischen liegen große Plätze; eine sehr flache Kuppel mit 180 Metern Durchmesser überdacht den Museumskomplex. Die Kuppel schwebt rund 9 Meter über dem Straßenniveau und erstreckt sich sogar über das Meer (92|1). Eine dekorative Perforation der Kuppel ermöglicht es, die solaren Gewinne über die gesamte Fläche zu begrenzen. Nach den Vorstellungen des Architekten soll sie einen »Lichtregen« schaffen, dessen Muster sich mit der Position der Sonne ändert (92|2). Um klare Sonnenlichtpunkte der Dachöffnungen auf dem Boden zu gewährleisten, berücksichtigt die Größe der Öffnung den Effekt der Divergenz. Dieser bedingt eine Unschärfe, durch die bei zu kleinen Öffnungen kein Abbild, sondern nur eine diffuse Helligkeit entsteht. Um unter der Kuppel ein angenehmes Mikroklima im Außenbereich entstehen zu lassen, kommen natürliche Quellen zur Kühlung wie das Erdreich, das Meer oder nächtliche Strahlung zum Einsatz, kombiniert mit der Kühlung thermischer Masse im Boden und in den Gebäudewänden. Der Museumsbesucher soll den Raum unter der Kuppel als einen einzigartigen Außenraum erleben, der im scharfen Kontrast zu der Helligkeit und Hitze außerhalb der Überdachung steht.

# Fazit

Je enger Architektur mit ihrem spezifischen Standort verknüpft ist und den Genius Loci als Ausgangspunkte für die Planung versteht, desto nachhaltiger können Gebäude konzipiert werden.

Nachhaltigkeit – was vor Jahrzehnten als Ideologie einer kleinen Gruppe in Mitteleuropa begann, ist inzwischen in aller Munde: Der ehemalige amerikanische Präsidentschaftskandidat Al Gore bekam den Friedensnobelpreis für einen aufrüttelnden Film und seine Infokampagne zum Zustand des Planeten. Viele Prominente weltweit engagieren sich persönlich und finanziell in unterschiedlichsten Umweltprojekten, sei es für den Schutz des Regenwalds oder für Biokosmetik. Immer mehr Produkte – vom spritsparenden Personenwagen über Haushaltsreiniger auf pflanzlicher Basis, sozial verträglich in Afrika produzierte und fair gehandelte Designmode aus Biobaumwolle, Öko-Fast-Food-Menüs, für die ausschließlich lokal angebaute Lebensmittel verwendet werden, Aktentaschen aus recycelten Schläuchen von Traktorreifen bis hin zu in Indien hergestellten biologisch abbaubaren Hausschuhen aus Kokosfasern und Naturlatex – werden mit ihrer Umweltverträglichkeit beworben; für viele Firmen gehören ökologisches Bewusstsein und Handeln zur Corporate Identity.

Doch wie geht es wohl weiter mit der Nachhaltigkeit? Ist sie eine Welle, ein Trend wie viele andere zuvor – und die Gegenbewegung folgt bestimmt? Eines steht heute schon fest: Die Themen, die die neogrüne Bewegung ins Bewusstsein gerückt hat – Klimawandel, Überbevölkerung, Ressourcenknappheit, Umweltverschmutzung, Artenschwund etc. – sind leider keine Trends, sondern Fakten. Mit ihnen werden wir uns auch weiterhin auseinandersetzen müssen.

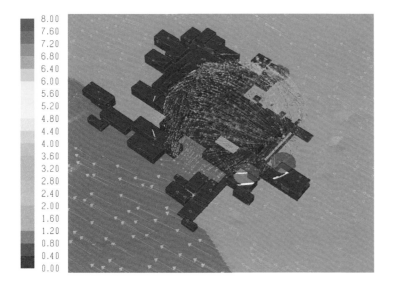

8.00
7.60
7.20
6.80
6.40
6.00
5.60
5.20
4.80
4.40
4.00
3.60
3.20
2.80
2.40
2.00
1.60
1.20
0.80
0.40
0.00

**93|1** Mit **Strömungssimulationen** wird das Konzept zur Be- und Entlüftung der Kuppel überprüft. Louvre Abu Dhabi

# Common Sense statt Hightech

Text  Jochen Paul, Jakob Schoof

**Etwa 40 Prozent unseres Energieverbrauchs entfallen auf den Bau und Betrieb von Gebäuden. Daher kommt in der Diskussion um Klimawandel, Versorgungssicherheit und Reduktion des Energieverbrauchs den Themen Energieeffizienz und Energieversorgung von Gebäuden besondere Bedeutung zu. Ebenso stellt die Schaffung eines angenehmen Raumklimas eine wichtige Herausforderung dar.** Obwohl wir 90 Prozent unserer Zeit in geschlossenen Räumen verbringen, bieten weniger als 30 Prozent aller Gebäude ihren Nutzern eine gesunde Umgebung. Dabei haben Luftqualität, Raumklima und Tageslicht einen großen Einfluss auf Gesundheit, Wohlbefinden und Leistungsfähigkeit der Nutzer.

*Fragen zur Energie und zum Umgang mit Ressourcen vgl. Parametrische Entwurfssysteme » S. 54, Nachhaltige Stadtentwicklung » S. 72, 77, Gebäude als Systeme begreifen » S. 82–93, Bauprozesse von morgen » S. 125, Zusammenarbeit von Industrie und Forschung » S. 130, Die Forschungsinitiative »Zukunft Bau« » S. 136, 139ff.*

## Neue Ansätze für Wohnen und Arbeiten

Im Rahmen des europaweiten Experiments »Model Home 2020« arbeitet der weltweit größte Hersteller für Dachfenstersysteme, Velux, seit 2009 in fünf Ländern an neuen Ansätzen für Wohnen und Arbeiten bei angenehmem Raumklima, hohem Tageslichtanteil und optimaler Energieeffizienz. Dafür entstanden sechs Demonstrationsprojekte, die alle auf die unterschiedlichen klimatischen und kulturellen Bedingungen im jeweiligen Land reagieren. Ziel ist es, Lösungen und Strategien zu finden, wie sich zukünftig energieeffiziente Gebäude ohne Komforteinbußen für den Nutzer bauen lassen, zudem sollen Erkenntnisse bezüglich unterschiedlicher Technologien zur Energieeinsparung gewonnen werden. Die Gemeinsamkeit aller Model Homes besteht darin, dass sie als »Aktivhäuser« Energie mit erneuerbaren Energiequellen erzeugen und diese dank eines komplexen Steuerungssystems für Heizung, Belüftung und Verschattung hocheffizient nutzen. Die teilweise mehrjährige qualitative und quantitative Monitoringphase, in der die Gebäude umfassend analysiert und bewertet werden, liefert der Branche wertvolle Erkenntnisse, wie die theoretischen Annahmen der Praxis standhalten.

94|1 **Home for Life**, Lystrup (DK) 2009, AART Architects

Den Anfang machten 2009 zwei dänische Konzepthäuser, das Einfamilienhaus »Home for Life« in Lystrup bei Århus (94|1) und das Verwaltungsgebäude »Green Lighthouse« der Universität Kopenhagen (95|1), eines der Exponate für den UN-Klimagipfel 2009. Ihre Monitoring-Phase ist bereits abgeschlossen. 2010 folgten das »Sunlighthouse« in Pressbaum westlich von Wien (95|2) und das Hamburger »LichtAktiv Haus«, 2011 die »CarbonLight Homes« in Rothwell, Großbritannien, und das »Maison Air et Lumière« im französischen Verrières-le-Buisson.

Den Model Homes vorangegangen waren Demonstrationsprojekte wie zum Beispiel »SOLTAG« (2005) – ein teilweise vorgefertigtes modulares Haus, vor allem zur Aufstockung von Flachdachgebäuden in gemäßigten Klimazonen – sowie »Atika« (2006) – das Pendant zu SOLTAG für mediterrane Klimazonen –, die beide in Zusammenarbeit mit verschiedenen Partnern aus der Bauindustrie entwickelt wurden. So unterschiedlich die Projekte im Detail sind, ihr gemeinsamer Ausgangspunkt war die eher einseitige Betonung des Energiesparens in der damaligen Klimadebatte. Im Gegensatz dazu spielte bei den beiden Häusern neben der Energieeffizienz vor allem der Aspekt des Wohnwerts eine große Rolle.

95|1 **Green Lighthouse**, Kopenhagen (DK) 2009, Christensen & Co Architects

95|2 **Sunlighthouse**, Pressbaum (A) 2010, Hein-Troy Architekten

## Das LichtAktiv Haus

Den deutschen Beitrag zum europaweiten Experiment »Model Home 2020« stellt das LichtAktiv Haus in Hamburg-Wilhelmsburg dar (95|3). Es ist gleichzeitig das zweite bereits realisierte Teilprojekt der Internationalen Bauausstellung (IBA) Hamburg. Beim LichtAktiv Haus handelt es sich um ein modernisiertes Siedlerhaus aus den 1950er-Jahren, inklusive 1100 Quadratmeter großem Grundstück und Nutzgarten. Das Experiment soll demonstrieren, wie sich optimale Energieeffizienz und höchster Wohnwert auch bei einem anspruchsvollen Modernisierungsvorhaben zukunftsweisend verbinden lassen. Die Ziele sind der Netto-Nullenergiestandard (unter Einbeziehung des privaten Stromverbrauchs), die $CO_2$-Neutralität von Bau und Betrieb sowie ein gesundes Raumklima für die Bewohner mit viel Tageslicht und frischer Luft.

Betreut wurde die Entwicklung des LichtAktiv Hauses von einem Kompetenzteam, bestehend aus Architektur- und Lichtplanungsexperten. Im Rahmen eines am Lehrstuhl für Entwerfen und Energieeffizientes Bauen der TU Darmstadt von Prof. Manfred Hegger ausgeschriebenen geschlossenen Wettbewerbs entwickelten die Studenten zunächst Ideen, Konzepte und Modelle. Der Siegerentwurf »...aus eigenem Anbau« von Katharina Fey greift die Idee der Selbstversorgung und Unabhängigkeit auf und passt sie an die Aufgabenstellung des 21. Jahrhunderts an: Statt Gemüse werden nun Energie und Licht angebaut. Den Entwurf entwickelten Velux und die TU Darmstadt unter Einbindung von Fachplanern und der Entwurfsverfasserin in enger Zusammenarbeit weiter.

95|3 **LichtAktiv Haus**, Hamburg-Wilhelmsburg (D) 2010, Katharina Fey, Manfred Hegger, Ostermann Architekten

1

Hegger, Manfred u. a.: Ökobilanzierung. Velux Model Home 2020.
»LichtAktiv Haus« Hamburg. Ökobilanzierung des Velux Model Home
in Hamburg-Wilhelmsburg.
Abschlussbericht. Darmstadt 2011

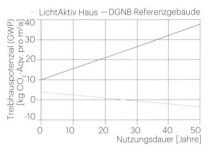

96|1 **Entwicklung des Treibhauspotenzials
(GWP)** für das LichtAktiv Haus und das DGNB-
Referenzgebäude über 50 Jahre. Das Treibhaus-
potenzial aus Konstruktion und Energiebedarf
amortisiert sich durch den eingespeisten PV-Strom
nach 26 Jahren.

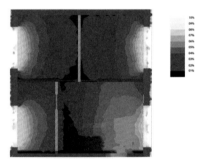

96|2 Tageslicht in Räumen lässt sich durch den
**Tageslichtquotienten** bestimmen. Dieser Leis-
tungsindikator misst, wie viel Prozent des außen
verfügbaren Tageslichts im Innenraum ankommt.
LichtAktiv Haus, Hamburg-Wilhelmsburg

Als besonders ambitioniert stellte sich das Ziel einer positiven $CO_2$-Bilanz über den gesamten Lebenszyklus des Gebäudes heraus. Das bedeutet, dass alle Treibhausgasemissionen, die die Herstellung der Baumaterialien verursacht, während der Nutzungsdauer dank Emissionsvermeidung durch den Einsatz erneuerbarer Energien kompensiert werden. Um dies nachzuweisen, erstellte der Lehrstuhl für Entwerfen und Energieeffizientes Bauen an der TU Darmstadt nach Abschluss der Planungen eine komplette Ökobilanz des Gebäudes.[1] Jedes einzelne Bauelement wurde darin im Hinblick auf seine graue Energie, die $CO_2$-Emissionen und eine Reihe weiterer Umweltwirkungen hin untersucht. Als vorteilhaft erwies sich hier vor allem der Entschluss, den neu errichteten Anbau des LichtAktiv Hauses – mit Ausnahme der Bodenplatte – komplett in Holzbauweise zu erstellen.

Die erstellte Ökobilanz zeigt, dass das LichtAktiv Haus im Betrieb mehr $CO_2$-Emissionen vermeidet, als es durch den Verbrauch von Strom für Heizung und Warmwasser verursacht. Darüber hinaus werden selbst die $CO_2$-Emissionen, die durch Herstellung, Instandhaltung und Entsorgung der Gebäudekonstruktion anfallen, im Lauf von 26 Betriebsjahren kompensiert. Ab diesem Zeitpunkt ist das Gebäude also »$CO_2$-positiv« (96|1). Eine zentrale Rolle bei der Entwicklung des LichtAktiv Hauses nahm die Lichtplanung ein, die auf umfangreichen Untersuchungen des Lichtplaners Prof. Peter Andres basiert. Bereits in einem frühen Entwurfsstadium wurden die Ergebnisse der Tageslichtanalysen einbezogen und ließen sich so optimal in den dynamischen integralen Planungsprozess einbinden (96|2). Der besondere Fokus, der auf einer optimierten Tageslichtnutzung liegt, ermöglicht sowohl einen hohen Wohnwert als auch eine gute Energieeffizienz dank solarer Gewinne durch die Fenster. Viel Tageslicht und großzügige Ausblicke ermöglichen außerdem ein Wahrnehmen des tages- und jahreszeitlichen Rhythmus.

## Monitoring: Fragestellungen und Methoden

Nachdem die Modernisierungs- und Umbauarbeiten abgeschlossen sind, zieht Ende 2011 eine Familie für zwei Jahre in das LichtAktiv Haus ein, um das Wohnen der Zukunft zu testen. Diese Testphase ist ein zentraler Bestandteil des Projekts, da es dem Unternehmen wichtig ist zu sehen, wie sich die Vision von viel Tageslicht, frischer Luft und Ausblicken in der Praxis bewährt. Während der zwei Jahre werden Energieverbrauch und Innenraumklima konstant gemessen und dokumentiert, zudem sollen die Familienmitglieder festhalten, wie es sich im LichtAktiv Haus lebt. Ziel ist es, Erkenntnisse darüber zu gewinnen, wie eine umweltverträgliche Wohnlösung konzipiert sein muss, die ihren Bewohnern ein gesundes Raumklima und besten Wohnwert bietet. Dahinter steht die Überzeugung, dass der Mensch als Nutzer eines Gebäudes im Mittelpunkt stehen muss, um nachhaltiges Wohnen zukunftsfähig zu machen. Das Haus soll sich den Bedürfnissen der Bewohner anpassen, nicht umgekehrt.

Für Prof. Peter Andres von der Peter Behrens School of Architecture in Düsseldorf steht der Zusammenhang zwischen dem – saisonal und im Tagesverlauf unterschiedlichen – Tageslichteintrag in das Haus und dem Tageslichtumgang der Familie im Mittelpunkt des Monitorings. Zudem soll nachgewiesen werden, inwieweit die in der DIN 5053 geregelte Lichtmenge für Wohnräume ausreichend ist.

Ziel des ebenfalls am Monitoring beteiligten Sozialforschers Prof. Bernd Wegener von der Humboldt-Universität zu Berlin ist dagegen die Entwicklung von Instrumenten zur Verlaufsmessung von empfundener Wohnqualität, Wohnbehaglichkeit und subjektiven Wohnwertindikatoren. Damit soll im Anschluss an die zweijährige Forschungs- und Messperiode eine Umfrage zum Thema »Wohnen und Umweltbewusstsein« in der Gesamtbevölkerung vorbereitet werden.

Im Vorfeld des Monitorings müssen dazu Messmethoden festgelegt sowie Fragebogen- und Interviewdesigns verabschiedet werden – ohne dabei die Frage aus den Augen zu verlieren, wie viel Individualität und Selbstbestimmung für das Sich-Zuhause-Fühlen und die Identifikation der Familie mit ihrer neuen Wohnsituation nötig sind, um die Ergebnisse des Monitorings möglichst wenig zu verfälschen. Zudem soll auch die derzeitige Wohnsituation der Familie vor dem Umzug erfasst werden, um überhaupt in der Lage zu sein, anschließend aussagekräftige Vergleiche anzustellen.

## Active House

Die im Rahmen der diversen Demonstrationsobjekte und Forschungsprojekte gewonnenen Einsichten und Erkenntnisse stehen auf der herstellerunabhängigen Plattform »Active House« zur Verfügung.[2] Sie bietet der Bauindustrie die Möglichkeit, sich über nachhaltiges Bauen und Gebäude der Zukunft auszutauschen.

Inhaltlich dreht sich »Active House« um die drei zentralen Themen Energie, Innenraumklima und Umwelt (97|2): Ein Aktivhaus leistet demnach nicht nur einen positiven Beitrag zur Energiebilanz des Gebäudes, sondern auch zu einem gesünderen und komfortableren Leben seiner Bewohner und ermöglicht eine positive Interaktion mit der Umwelt, so die zentrale These. Ziel dabei ist die erfolgreiche Balance zwischen den drei genannten Aspekten – ein holistischer Ansatz, der sich auch in den detaillierten Spezifikationen für Aktivhäuser wiederfindet, die die Plattform erstellt hat.[3] An ihrer Entwicklung waren rund 30 Experten von unterschiedlichen europäischen Universitäten, Forschungsinstituten und Bauprodukteherstellern beteiligt, darunter unter anderem die Dänische Technische Universität, die Universitäten Århus, Darmstadt, Eindhoven, Porto und Bukarest, das dänische Bauforschungsinstitut, die

97|1 modernisiertes Dachgeschoss im Siedlerhaus, **LichtAktiv Haus**, Hamburg-Wilhelmsburg (D) 2010, Katharina Fey, Manfred Hegger, Ostermann Architekten

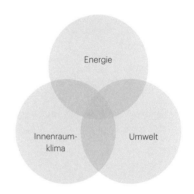

97|2 **zentrale Aspekte eines Aktivhauses**

2

http://activehouse.info (abgerufen am 02.11.2011)

3

http://activehouse.info/vision/ specification (abgerufen am 02.11.2011)

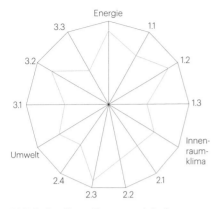

**98|1 Active-House-Bewertungskriterien**
1.1 jährliche Energiebilanz
1.2 Energiebedarf
1.3 Energieversorgung
2.1 Tageslicht und Ausblicke
2.2 thermischer Komfort
2.3 Raumluftqualität
2.4 Schallschutz und Akustik
3.1 Verbrauch nicht erneuerbarer Energieressourcen
3.2 Umweltbelastung durch Emissionen in Luft,
    Boden und Wasser
3.3 Trinkwasserverbrauch und Abwasserbehandlung

International Initiative for a Sustainable Built Environment (iiSBE) und ein Dämmstoffhersteller.

Die Active-House-Spezifikationen verstehen sich einerseits als Planungshilfe für nachhaltige Gebäude – speziell kleinere Wohngebäude – und zum anderen als Kriterienkatalog für deren Nachhaltigkeitsbewertung. Die drei Hauptkategorien gliedern sich wiederum in zehn Einzelkriterien auf, von denen jedes anhand qualitativer und quantitativer Parameter bewertet wird (98|1). Eine rein quantitative Evaluation strebten die Experten bewusst nicht an, da sich gewisse Eigenschaften in Gebäuden – etwa die Qualität von Ausblicken oder die Möglichkeiten des Nutzers, das Innenraumklima selbst zu regulieren – nicht in Zahlen fassen lassen.

## Haltung und Überzeugung

Wie die meisten Unternehmen der Branche begreift sich auch Velux als Anbieter von Systemen und Lösungen. Diese sollen aber nicht nur in der Handhabung so einfach wie möglich sein, sondern auch nur so komplex und technisch wie unbedingt notwendig. Per Arnold Andersen, Leiter Tageslicht, Energie und Innenraumklima, nennt das »no nonsense solutions«. Er ist der Meinung, dass Wohnungen und Häuser möglichst einfach zu benutzen sein sollten. Für ihre Anpassung an das jeweilige Klima mittels der Ausrichtung des Gebäudes, der Funktion der einzelnen Räume, der Größe und Position der Fenster, des Dachüberstands, der Fensterläden und Vorhänge etc. könne man auch eine Menge aus der Vergangenheit lernen. Es geht also nicht darum, alles neu zu erfinden – im Prinzip stehen die Produkte, die benötigt werden, um die EU-Vorgaben für 2020 zu erfüllen, bereits zur Verfügung. Nun gilt es darauf zu achten, wie die einzelnen Komponenten eines Gebäudes zusammenwirken und die vorhandenen Produkte entsprechend einzusetzen.

Das bestätigt auch die strategische Projektleiterin Lone Feifer: »Velux ist ein Hersteller von Dachfenstern, und das wollen wir auch bleiben. Wir wollen nicht das Terrain unserer Partner in der Bauindustrie besetzen. Aber wir haben eine Meinung, und wir haben ein Produkt, das eine entscheidende Rolle für die Nachhaltigkeit von Architektur spielt. Mit Active House wollen wir eine Diskussion über deren Qualitäten anstoßen.«

Laut dem Firmengründer Villum Kann Rasmussen ist »ein Experiment besser als 1000 Expertenmeinungen.« Auch deshalb bringen die Model Homes 2020 eine Vielzahl neuer Produkte, neuer Technologien und diverse Prototypen erstmals oder in einer so noch nicht da gewesenen Kombination zusammen. Das vorrangige Ziel besteht darin, durch die Umsetzung von Theorien in die Praxis Wissen zu erlangen, dieses in die Wissenschaft zurückfließen zu lassen und dadurch neue Erkenntnisse – und verbesserte Theorien – zu gewinnen. Dabei zeigen die bisherigen Erfahrungen ganz klar, dass es bis 2020 möglich sein wird, Aktivhäuser zum gängigen Standard zu machen, so Lone Feifer. Wichtig ist vor allem, die Komponenten Technik, Baustoffe, Architekturkonzept und Wohnanforderungen sorgfältig aufeinander abzustimmen.

Die Erkenntnisse aus der Planung des LichtAktiv Hauses und der Entwicklung der Active-House-Spezifikationen will Velux künftig auch für eine breitere Öffentlichkeit nutzbar machen. Als Mitglied der Deutschen Gesellschaft für Nachhaltiges Bauen (DGNB) arbeitet das Unternehmen an einer Arbeitsgruppe mit, die innerhalb des DGNB-Systems ein neues Nutzungsprofil für kleinere Wohnbauten entwickelt. Die Gebäudezertifizierung, bislang eher eine Domäne größerer Investorenprojekte, soll damit auch Einzug in alltägliche Bauvorhaben halten.

## Wissensaustausch

Als Anbieter von Dachfenstern interessiert sich Velux naturgemäß dafür, wie sich Tageslicht in hoher Qualität ins Gebäudeinnere leiten lässt – aber auch dafür, welche Lichtintensität unseren visuellen und biologischen Bedürfnissen entspricht, denn der menschliche Organismus benötigt zur Aufrechterhaltung seines Biorhythmus über den Tagesverlauf ganz unterschiedliche Helligkeiten.

Zudem arbeitet der Unternehmensbereich Tageslicht, Energie und Innenraumklima mit Anthropologen zusammen, die darüber forschen, welche Bedeutung Routinen wie zum Beispiel das morgendliche Lüften oder das Bedürfnis, gut zu riechen, für das Thema Belüftung von Gebäuden haben, oder wie sich Tageslicht, natürliche Belüftung und die Qualität von Luft und Licht bei der Behandlung von Krankheiten wie Asthma oder Depressionen auswirken. Besonders interessant ist dabei die Schnittstelle von medizinischer Forschung mit der Architektur und dem Bauen: »Die beiden Berufsgruppen begegnen sich viel zu selten – deswegen dauert es unserer Meinung nach auch zu lange, bis das Wissen der einen Disziplin in der anderen ankommt«, sagt Per Arnold Andersen.

Um diesen Austausch zu intensivieren, veranstaltet Velux seit 2005 alle zwei Jahre ein Tageslichtsymposium, um die besten Forscher zu versammeln und sich einen Überblick darüber zu verschaffen, welche neuen Erkenntnisse aus ihren Bereichen für die Aktivitäten des Unternehmens von Bedeutung sind. Dadurch lässt sich die Zeit, die die Erkenntnisse einer Disziplin brauchen, um den Weg in die interdisziplinäre Forschung zu finden, wesentlich verkürzen.

Das Thema des Symposiums 2013 ist »Daylight in the Perspective of the Existing Building Stock«. Etwa die Hälfte der 39 Millionen Wohneinheiten in Deutschland ist laut Statistischem Bundesamt zwischen 30 und 60 Jahre alt und energetisch modernisierungsbedürftig. Hier liegen enorme Potenziale für Energieeinsparung und Klimaschutz. In diesem Zusammenhang ist das Monitoring des LichtAktiv Hauses in Hamburg besonders interessant: Das Projekt ist bewusst nicht als Neubau, sondern als modular umsetzbare Bestandssanierung konzipiert.

99|1 Wohn-Essbereich, **Home for Life**, Lystrup (DK) 2009, AART Architects

*Zum Potenzial von Umnutzungen und Sanierungen vgl. Zurück zum Sozialen* » S. 61f, *Nachhaltige Stadtentwicklung* » S. 73, *Gebäude als Systeme begreifen* » S. 84, *Bauprozesse von morgen* » S. 127, *Die Forschungsinitiative »Zukunft Bau«* » S. 137

# Trendprognosen – Ansätze, Methoden, Möglichkeiten

Text    Markus Schlegel, Sabine Foraita

**Stadtplaner, Architekten und Gestalter arbeiten prinzipiell für die nahe Zukunft. Die Fragestellungen, die diese gestalterischen Professionen permanent bewegen, sind zum Beispiel die zukünftigen Wünsche und Bedürfnisse der Menschen und wie aus der Sicht von Stadtentwicklung, Bauherren oder Architekten zwischen Bestehendem und Neuem zukunftsfähig gestaltet werden kann. Jeder Entwurf stellt im Grunde eine These zum zukünftigen Umgang mit dem gebauten Raum und der dinglichen Umwelt dar und dazu, wie sich dieser formalästhetisch ausdrücken kann. Wie aber schafft man eine Basis, auf der Gestaltung aufbauen kann? Welche Möglichkeiten haben Gestalter und Architekten, mit den Methoden der Zukunftsforschung zu arbeiten?**

Am Institute International Trendscouting (IIT) an der Hochschule für angewandte Wissenschaft und Kunst (HAWK) in Hildesheim wurden Methoden entwickelt, die in ihrer Kombination eine Möglichkeit bieten, in Bezug auf Form, Farbe, Material und Handlungszusammenhang gestalterische Zukunftsszenarien zu ermitteln. Hierfür legen wir in unserer Arbeit sowohl inhaltliche Kriterien als auch Kriterien für die visuelle

Darstellung der Szenarien fest, um grundlegende Entwicklungen so klar wie nötig, aber auch so frei interpretierbar wie möglich beschreiben zu können.

## Vergangenheitsbetrachtung im kulturellen Zusammenhang

Um eine Aussage über zukünftige Entwicklungen in der Gestaltung machen zu können, ist es einerseits erforderlich, die formalästhetische Entwicklung in der Vergangenheit zu analysieren, andererseits müssen die Einflussfaktoren auf die Gestaltung ermittelt werden, um darauf aufbauend Rückschlüsse für die Zukunft ziehen zu können.

Am IIT wurden im Rahmen eines Forschungsprojekts zunächst die Einflussfaktoren aus Natur, Ideologie, Politik, Wirtschaft, Technologie und Kunst auf die Gestaltung in den verschiedenen Jahrzehnten ermittelt, ihr Stellenwert untersucht und anschließend visualisiert.

Kunst, Design und Architektur sind immer gegenständlicher Ausdruck eines bestimmten Lebensgefühls und einer kulturellen Haltung, die den Gegenständen und Bauten inhärent sind. Die Erklärung der UNESCO-Weltkonferenz in Mexiko-City aus dem Jahr 1982 besagt, »dass die Kultur in ihrem weitesten Sinne als die Gesamtheit der einzigartigen geistigen, materiellen, intellektuellen und emotionalen Aspekte angesehen werden kann, die eine Gesellschaft oder eine soziale Gruppe kennzeichnen. Dies schließt nicht nur Kunst und Literatur ein, sondern auch Lebensformen, die Grundrechte des Menschen, Wertesysteme, Traditionen und Glaubensrichtungen.«[1] Ein besonders wichtiger kultureller Faktor bleibt in dieser Aufzählung unberücksichtigt, obwohl er den größten Teil unseres alltäglichen Lebens beschreibt: die uns umgebenden Artefakte und Medien, die maßgeblich unsere Seh- und Handlungsgewohnheiten prägen und somit auch eine Art »Zeichensystem« darstellen, das großen Einfluss auf unser gegenwärtiges und zukünftiges Leben nimmt.

Wir leben in einer Zeit, in der erhebliche Wechselwirkungen zwischen innen und außen – privatem und öffentlichem Leben – bestehen. Deshalb stellen Architektur, Innenräume und Gebrauchsgegenstände einen Spiegel der verschiedenen Bedürfnisse, Gewohnheiten und Sehgewohnheiten dar. Auch die Medien beeinflussen unsere Rezeptionsbedingungen und Sehgewohnheiten stark, sie prägen das Alltagsleben in der sogenannten Informations- und Wissensgesellschaft nachhaltig – und damit auch die Gestaltung.

In unserem Forschungsprojekt wurden die formalästhetischen Ausdrucksformen der Architektur, des Designs, der Kunst und der Mode jahresgenau zugeordnet, wodurch sich sowohl direkte Bezüge als auch zeitversetzte Einflüsse nachvollziehen lassen. Die Untersuchungen bezogen sich zunächst auf den deutschsprachigen Raum, sollen aber in einem nächsten Schritt auf ganz Europa ausgedehnt werden.

1

Erklärung von Mexiko-City über Kulturpolitik. Weltkonferenz über Kulturpolitik in Mexiko, 26. Juli bis 6. August 1982. Übersetzt im Sekretariat der Ständigen Konferenz der Kultusminister der Länder in der Bundesrepublik Deutschland. http://www.unesco.de/2577.html (abgerufen am 04.10.2011)

In direkter Verbindung mit den Einflussfaktoren steht die Befindlichkeit der jeweiligen Gesellschaft, die ihren Ausdruck in der Gestaltung sucht und findet. Eine Stilausprägung, sozusagen eine Verdichtung von Zeichen, ist das formalästhetische Spiegelbild (oder die Reflexion) der gesellschaftlichen Empfindung. So waren die 1960er- und 1970er-Jahre geprägt von einer Dominanz der Jugendkultur sowie vom Glauben an den technischen Fortschritt. Die Zeichen beziehungsweise Codes, die einer Gesellschaft entsprechen, drücken sich in Formen, Farben, Materialien und Mustern aus. Die Muster und Farben der 1960er- und 1970er-Jahre können zum Beispiel nach wie vor selbst Laien sicher diesen Jahrzehnten zuordnen (103|1). Sie sind eindeutige Zeichen für das Lebensgefühl dieser Zeit und in verschiedenen Bereichen wie Architektur, Design und Mode, die sich gegenseitig »befruchten«, festzustellen. Die Anhäufung formaler Ausprägungen mit Zeichencharakter können Signifikanzen ausbilden und sich so zu einem Trend oder gar einem Stil entwickeln.

Die gesellschaftliche Haltung nimmt gerade in Zeiten der Krise einen erheblichen Einfluss auf die Gestaltung. So hat sich der Einfluss des ohnehin virulenten Themas der Nachhaltigkeit nach der Katastrophe in Fukushima im März 2011 noch einmal vergrößert, was sich auch auf Architektur und Design auswirkt. Derartige Krisen beeinflussen weltweit die Haltung einer Gesellschaft, sind als sogenannte Wild Cards der Zukunftsforschung jedoch nicht prognostizierbar.

Auch die technologischen Möglichkeiten beeinflussen maßgeblich die Gestaltung. Neue Materialien sowie Herstellungs- und Verarbeitungsverfahren spielen bei der formalästhetischen Ausprägung eine große Rolle. Der Einsatz von Kunststoffen beispielsweise eröffnete revolutionäre gestalterische Chancen und erlaubt damit eine völlig neue Formensprache.

In der Analyse der letzten sechs Jahrzehnte konnten wir einerseits eine Entwicklung hin zur Globalisierung, andererseits in den letzten drei Jahrzehnten hin zu einer zunehmenden Individualisierung feststellen. Dies führt zu einer Diversifizierung von Trends, auch begünstigt durch die technologische Entwicklung und die damit verbundene Freiheit in der Gestaltung, und geht mit einer zunehmenden Selbstverwirklichung einher. Allerdings konnten wir in unserem Forschungsprojekt ebenso feststellen, dass es nicht nur einen dominanten Trend, sondern in jeder Phase parallel existierende Trends, Nebentrends und Gegentrends unterschiedlicher Ausprägung gegeben hat.

## Vergangenheitsbetrachtung in Design und Architektur

Welche Rolle spielen Farbe und Oberfläche in der Architektur des 20. und 21. Jahrhunderts? Welche Unterschiede in der Betrachtung und Wirkung sehen wir zwischen Solitärbauten, gestalteten Stadt- oder Platzensembles sowie Innenräumen?

*Weitere Gesichtspunkte des sozialen und gesellschaftlichen Wandels vgl. Zurück zum Sozialen » S. 60, 69, Nachhaltige Stadtentwicklung » S. 71f., Living Ergonomics » S. 123, Die Forschungsinitiative »Zukunft Bau« » S. 137*

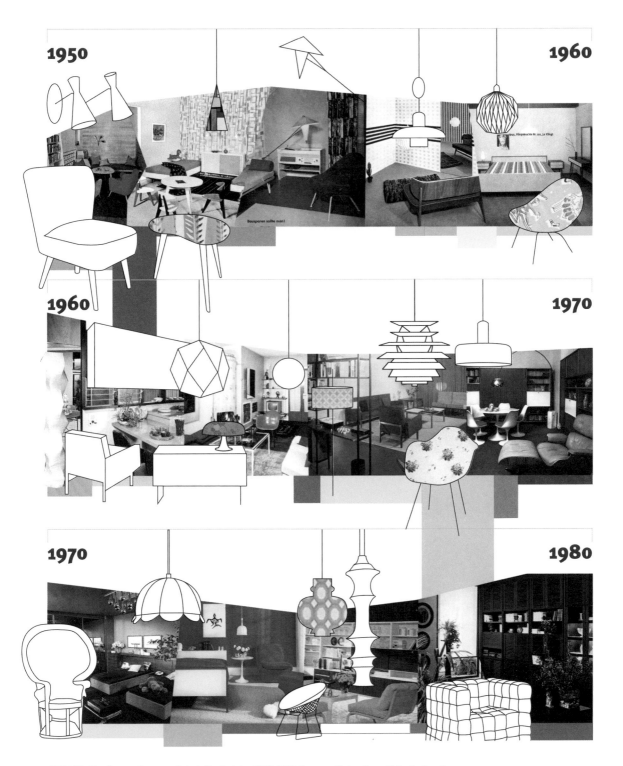

**1950** **1960**

**1960** **1970**

**1970** **1980**

103|1 Die **Roadmap** zeigt exemplarisch für die Jahre 1950–1980 die wesentlichen formalästhetischen Parameter der Raumgestaltung auf. Sie visualisiert den Verlauf vergangener Trends und typischer zeitbezogener Farbprofile der Innenraumgestaltung in Deutschland.

**104|1 epochale Farb- und Materialzyklen** mit
Farbphasen von 1955–2005

Zunächst ist festzustellen, dass zeichenhafte Architektur und Innenarchitektur bei Prestigebauten oder Markenarchitektur seit Beginn des 21. Jahrhunderts zunehmend an Bedeutung gewinnt. Kennzeichnend ist dabei meist eine innovative Architektursprache, in der nicht selten durch den Einsatz neuer Werkstoffe und Technologien wie digitale Werkzeuge auch neue formale Lösungen möglich werden. Auf diese Weise bricht sie subtil bis radikal mit bislang verankerten Sehgewohnheiten und erweitert unser kulturelles Gedächtnis um neue »visuelle Bausteine«. Stellen zeichenhafte Bauten wie das Centre Pompidou in Paris (1977) immerhin noch die Funktion in den Vordergrund, indem das Innenleben der Architektur skulptural nach außen gestülpt wird, so hat in den letzten zehn Jahren der Ehrenkodex des »form follows function« zunehmend an Bedeutung verloren. Auch die scheinbar unverrückbaren Regeln der Architekturgestaltung, die Adolf Loos in seiner Schrift »Ornament und Verbrechen« aus dem Jahr 1908 einst Generationen von Studierenden mit auf den Weg gegeben hatte, scheinen mehr und mehr hinfällig zu werden. Spätestens seit der Jahrtausendwende sind diese zwei »Leitlinien« der Architektursprache nicht mehr allein gültig. Das öffnet »Schleusen« für Innovationen und bis dahin Unbekanntes und fordert dazu auf, Architektur und Stadtraum neu zu begreifen.

Für uns liegt darin die Begründung zur intensiven Auseinandersetzung mit den epochalen Design-, Farb- und Formentwicklungen vor allem in der Innenraumgestaltung seit den 1950er-Jahren: Immer schneller, direkter und unkomplizierter werden die vielschichtigen und differenzierten sowie oft auch stark zeit- und stilbezogenen Gestaltsprachen, die einst nur im Innenraum Anwendung fanden und nun auch in der Architektur oder in städtischen Räumen auftauchen.

Der Kreation von Zukunftsmodellen muss die Trendforschung, wie erwähnt, einen analytischen Betrachtungsprozess vergangener Epochen und der nahen Vergangenheit zugrunde legen (Zyklenbetrachtung). Unser Schwerpunkt liegt auf den letzten 60 Jahren, innerhalb derer sich Funktion, Form, Farbe und Material von Architektur, Innenarchitektur und Design, getrieben durch gesellschaftliche Bedürfnisse und technologische Weiterentwicklungen, rasant entwickelt und verändert haben.

Der erste Teil unserer Studie »FarbRaumFarbe« konzentriert sich auf Innenräume, Muster, Strukturen, Farben und Formen, im zweiten Teil werden Architektur und Materialität betrachtet. Mithilfe sogenannter Betrachtungsmodelle werden zunächst Kriterien für die Bildquellen und die Bildauswahl in Print- und Nonprintmedien festgelegt und anschließend Wechselprinzipien und Einflussfaktoren auf die vergangenen Gestaltungsprozesse identifiziert und visualisiert (105|1). Diese Betrachtungsmodelle hat das IIT speziell zum Filtern und Abbilden von gestalterisch relevanten Signifikanzen über ein systematisch-analytisches Prozedere entwickelt. Die Erfassung und Auswertung übernehmen Mitarbeiter, die eine Sehschulung durchlaufen haben und gestalterisch konditioniert sind.

Die einzelnen Farb- und Materialtypologien, die aus Trends hervorgegangen sind und sich differenziert darstellen lassen, sind als epochale Architektur-, Produkt-, Farb- und Materialprofile beschrieben und in Farbspektren dokumentiert (106|1 und 107|1). Eine als Roadmap angelegte Grafik stellt die Entwicklungen grafisch dar. Sie visualisiert in einem chronologischen Ablauf alle ca. 10 000 Bilddaten der Studie, die zwischen 1955 und 2010 im deutschsprachigen Raum erfasst und über signifikante Bildmerkmale als relevant dokumentiert wurden (104|1).

Zusammenfassend lassen sich die vergangenen 60 Jahre in Pastell-, Braun-, Aufhellungs-, Bunt- oder Weißphasen einteilen. Diese Phasen sind als farbliche Fortschreibung unabhängig von gesellschaftlichen oder technischen Einflüssen nachweisbar und ermöglichen innerhalb einer entsprechenden Farbphase vielschichtige stilistische Interpretationen. Das bedeutet, dass Trends und Nebentrends in vergleichbaren und artverwandten Farbtypologien in mehreren Designrichtungen existieren. Es lassen sich vor allem unterschiedliche formalästhetische Gestaltpräferenzen in verschiedenen Milieus – je nach finanziellen Möglichkeiten und Gestaltungsaffinität – ermitteln, was mit der seit den 1950er-Jahren zunehmend differenzierteren und globaler werdenden Gesellschaft zusammenhängt. Wesentlich ist, dass deutliche Dominanzen übergeordneter, themenunabhängiger Farberscheinungen und typischer Koloraturen in den einzelnen Phasen erfassbar sind. Das bedeutet, dass sich zeitbezogene Farbprofile oft in unterschiedlichen stilistischen oder formalästhetischen Feldern vergleichbar nachweisen lassen.

Die Studie »FarbRaumFarbe« zeigt aber nicht nur den Wechsel von bestimmten epochalen Farbphasen, sondern auch das Auftreten von typischen, immer wiederkehrenden Farbkombinationen der letzten 60 Jahre. Parallel dazu sind formale Entwicklungen des Produktdesigns als semantische Zusätze im Raum ablesbar. Auch hier resultieren Wechselphänomene, wie zum Beispiel ornamental und nicht ornamental, aus kreativen Protestbewegungen und Überdrusshaltungen. Der kollektive Wechselwunsch bezieht sich auf alle Elemente der Gestaltung.

Die Interaktion von Farbe, Muster, Material und Form sowie gesellschaftlichen und technischen Entwicklungen ist offensichtlich. Die zum Beispiel Mitte der 1970er-Jahre aufkommende Braunphase – ein Wechselresultat einer ausgiebigen Buntphase von 1960 bis ca. 1975 – entfaltet sich zeitgleich zur weltweiten Ölkrise. »Jute statt Plastik« sind Schlagworte zur Materialität, natürliche Erd-, Sand-, Grün- und Holztöne stehen im Vordergrund. Ethnologisch und gesellschaftlich begründbare Einflüsse aus Süd- und Mittelamerika prägen das Material- und Farbprofil zusätzlich. Wir gehen heute davon aus, dass sich diese Farbphase auch unabhängig von der gesellschaftlichen und ökologischen Diskussionen eingestellt hätte. Allerdings wären mit hoher Wahrscheinlichkeit die genannten visuell passenden und ideell logischen Materialen nicht im gleichen Maß zum Einsatz gekommen, denn die gesellschaftlichen Rahmenbedingungen

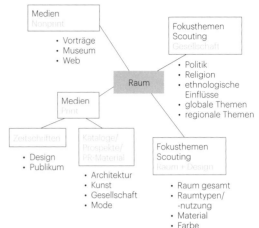

105|1 **Mindmap zum Scouting- und Betrachtungsraum** formalästhetischer Entwicklungen und Veränderungen

*»So traten Holzelemente im Bereich Möbel und Innenausstattung in den Jahren 1955–2010 durchgängig auf, unterschieden sich nur in ihrer Holzart und in ihrer jeweiligen tatsächlichen Marktdurchdringung. Es wechselten sich helle und dunkle Holzarten ab, die von der Masse mal mehr und mal weniger angenommen wurden. Dies war von gesellschaftlichen Strömungen wie der ökologischen Bewusstseinsänderung der 1970er-Jahre oder dem technischen Fortschritt von Kunststoff in den 1960er-Jahren abhängig.«*

Livia Baum, IIT HAWK Hildesheim, 2011

## FARBE | MATERIAL | RAUM |

### FARBE |EINDRUCK|

| hell | | ● | | dunkel |
| warm | ● | | | kalt |
| monoton | | | | kontrastreich |
| vergraut | | | ● | brilliant |

### FARBIGKEIT

| Gelb | | | | | | Gelb-Orange |
| Orange | | | | | | Rot-Orange |
| Rot | | | | | | Rot-Violett |
| Violett | | | | | | Blau-Violett |
| Blau | | | | | | Blau-Grün |
| Grün | | | | | | Grün-Gelb |
| Weiß | | | | | | Schwarz |

### FARBE |WAND|

| Gelb | | | | | | Gelb-Orange |
| Orange | | | | | | Rot-Orange |
| Rot | | | | | | Rot-Violett |
| Violett | | | | | | Blau-Violett |
| Blau | | | | | | Blau-Grün |
| Grün | | | | | | Grün-Gelb |
| Weiß | | | | | | Schwarz |

### BILD

| avantgardistisch | | | | standard |
| inszeniert | | | | alltäglich |

### FARBE |BODEN|

| Gelb | | | | | | Gelb-Orange |
| Orange | | | | | | Rot-Orange |
| Rot | | | | | | Rot-Violett |
| Violett | | | | | | Blau-Violett |
| Blau | | | | | | Blau-Grün |
| Grün | | | | | | Grün-Gelb |
| Weiß | | | | | | Schwarz |

### MUSTER

| rund | | ● | | eckig |
| organisch | | | | geometrisch |
| kleinteilig | | | | großflächig |
| verspielt | | ● | | streng |

### FARBE |OBJEKT|

| Gelb | | | | | | Gelb-Orange |
| Orange | | | | | | Rot-Orange |
| Rot | | | | | | Rot-Violett |
| Violett | | | | | | Blau-Violett |
| Blau | | | | | | Blau-Grün |
| Grün | | | | | | Grün-Gelb |
| Weiß | | | | | | Schwarz |

### MATERIAL

| | Putze | Tapete | Raufaser | Holz | Keramik | Hartbelag | Laminat |
| --- | --- | --- | --- | --- | --- | --- | --- |
| Wand | ● | | | | | | |
| Boden | | | | | ● | | |
| Objekt | | | | | | | |
| Vorhang | | | | | | | |
| Sonstige | | | | ● | | | |

| | Keramik | Stein | Glas | Stahl | Kunststoff | Textilien | Teppich |
| --- | --- | --- | --- | --- | --- | --- | --- |
| Wand | | | | | | | |
| Boden | | | | | | | ● |
| Objekt | | | | | | | |
| Vorhang | | | | | | | |
| Sonstige | | | ● | | | | |

a

## FARBTON | ORDNUNG | CODIERUNG |

### LCH

### NCS

FARBCODIERUNG NACH LCH UND NCS

| LCH | 78 - 4 - 191 |
| NCS | S 2005 - B50G |

| LCH | 12 - 0 - 270 |
| NCS | S 8005 - N |

| LCH | 95 - 01 - 0 |
| NCS | S 1060 - R100 |

| LCH | 44 - 51 - 11 |
| NCS | S 2060 - R10B |

| LCH | 33 - 00 - 21 |
| NCS | S 3060 - R |

| LCH | 59 - 42 - 350 |
| NCS | S 2060-R20B |

b

## SIGNIFIKANTE FARBKOMBINATIONEN

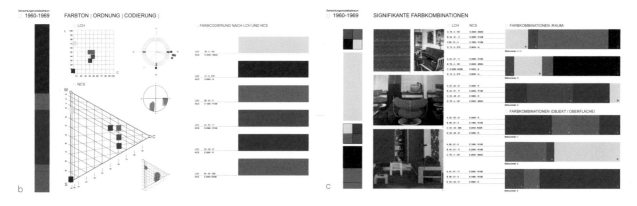

### FARBKOMBINATIONEN |RAUM|

| A 78 - 4 - 191 | S 2005 - B50G |
| B 44 - 51 - 11 | S 2060 - R10B |
| C 95 - 01 - 0 | S 1060 - R100 |
| D 12 - 0 - 270 | S 8005 - N |
Bildnummer 2 / 3

| A 44 - 51 - 11 | S 2060 - R10B |
| B 78 - 4 - 191 | S 2005 - B50G |
| C S 2060 -R20B | S 0502 - G |
| D 12 - 0 - 270 | S 8005 - N |
Bildnummer 3

| A 33 - 00 - 21 | S 3060 - R |
| B 44 - 51 - 11 | S 2060 - R10B |
| C 33 - 00 - 21 | S 3060 - R |
| D 78 - 4 - 191 | S 2005 - B50G |
Bildnummer 4

### FARBKOMBINATIONEN |OBJEKT / OBERFLÄCHE|

| A 33 - 00 - 21 | S 3060 - R |
| B 95 - 01 - 0 | S 1060 - R100 |
| C 59 - 42 - 350 | S 2060-R20B |
| D 33 - 00 - 21 | S 3060 - R |
Bildnummer 1

| A 44 - 51 - 11 | S 2060 - R10B |
| B 78 - 4 - 191 | S 2005 - B50G |
Bildnummer 2

| A 44 - 51 - 11 | S 2060 - R10B |
| B 95 - 01 - 0 | S 1060 - R100 |
| C 33 - 00 - 21 | S 3060 - R |
Bildnummer 4

c

**Betrachtungsmodelle**
a Farbe/Material/Ordnung
b Farbton/Ordnung/Codierung
c signifikante Farbkombinationen

# FARBE | MATERIAL | RAUM |

→ FARBE |EINDRUCK|

| hell | | | | | dunkel |
| warm | | | | | kalt |
| monoton | | | | | kontrastreich |
| vergraut | | | | | brilliant |

FARBÜBERSICHT

→ FARBIGKEIT

→ FARBE |WAND|

→ BILD

| avantgardistisch | | | | standard |
| inszeniert | | | | alltäglich |

→ FARBE |BODEN|

→ MUSTER

| rund | | | | eckig |
| organisch | | | | geometrisch |
| kleinteilig | | | | großflächig |
| verspielt | | | | streng |

→ FARBE |OBJEKT|

MUSTERÜBERSICHT

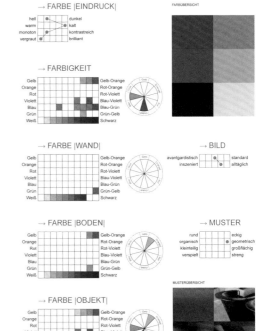

→ MATERIAL

MATERIALÜBERSICHT

| | Putze | Tapete | Raufaser | Holz | Keramik | Hartbelag | Laminat |
|---|---|---|---|---|---|---|---|
| Wand | ● | ● | ● | ● | ● | | |
| Boden | | | | | ● | ● | |
| Objekt | | | | ● | | ● | |
| Vorhang | | | | | | | |
| Sonstige | | | | | | | |

| | Keramik | Stein | Glas | Stahl | Kunststoff | Textilien | Teppich |
|---|---|---|---|---|---|---|---|
| Wand | | ● | | | | | |
| Boden | | | | | | | |
| Objekt | | | ● | ● | | | |
| Vorhang | | | | | | ● | |
| Sonstige | | | | | | | |

a

FARBTON | ORDNUNG | CODIERUNG |

FARBCODIERUNG NACH LCH UND NCS

b

SIGNIFIKANTE FARBKOMBINATIONEN

FARBKOMBINATIONEN |RAUM|

FARBKOMBINATIONEN |OBJEKT / OBERFLÄCHE|

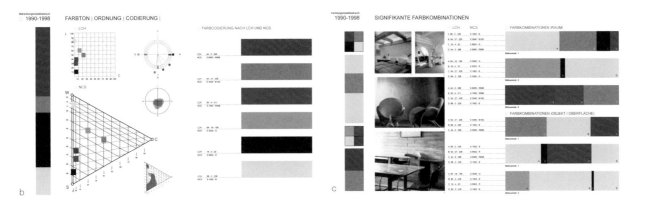

c

**106-107|1** Das **Betrachtungsmodell** fragt systematisch formalästhetische Parameter im Raum ab. Anhand eines methodischen Screenings lassen sich so gestalterisch signifikante Positionen erkennen und in einer Matrix dokumentieren. Materialität, Muster und formale Bezüge werden erfasst und Farbprofile im Natural Color System (NCS) und LCH-Farbraum notiert. Bildbetrachtungsmodelle erfassen Bilddaten in mehreren Wellen, analysieren sie und werten sie aus, um so Farbphasen in den unterschiedlichen Epochen aufzuspüren. Die Betrachtungsmodelle dienen bei der Vergangenheitsbetrachtung dazu, typische epochale Farbphasen zu formulieren, bei der Gegenwartsbetrachtung bilden sie die Basis für Trendmonitorings und szenarienhafte Fortschreibungen von neuen Farbprofilen.

beeinflussen durchaus auch die Laufzeit eines Trends. Dass diese Phase den Startschuss für eine bis in die Gegenwart andauernde Nachhaltigkeitsdebatte gab, die sich auch aktuell wieder deutlich in der Form-, Material- und Farbsprache ausdrückt, wissen wir erst heute.

## Was sind Trends?

Die etymologische Bedeutung des englischen Worts Trend bedeutet Verlauf, Tendenz, Richtung einer Bewegung oder Entwicklung. Zu dem Begriff existieren heute zwei grundsätzliche Auffassungen: die klassische und die moderne Wortinterpretation.

Die klassische Auffassung beschreibt Trends als individuelle und gesellschaftliche Entwicklungstendenzen, von denen wir früher oder später direkt oder indirekt betroffen sind. Sie sind nach der klassischen Auffassung nicht mit Modewellen oder Zeitgeistströmungen zu verwechseln. Trends werden hier nicht als schnelllebig, sondern als zähflüssig beschrieben. Diese Definition ist gleichbedeutend mit der etymologischen Sichtweise und findet so auch Verwendung in der Statistik.

Der umgangssprachliche Gebrauch entspricht eher der modernen Trendauffassung, die nach dem Zukunftswissenschaftler Horst Opaschowski von einer Wertepyramide ausgeht, an deren Spitze ein Trend, eine Begebenheit von mittelfristiger bis kurzfristiger Lebensdauer, auszumachen ist.[2]

Nach Auffassung des IIT sind Trends Werteverschiebungen mit hoher Eigendynamik, die in vielen Bereichen greif- und lokalisierbar sind. Als Trends beschreiben wir auch Verknüpfungen elementarer Bezugsobjekte. Es kann sich hierbei zum Beispiel um assoziative Neuverknüpfungen handeln, die unter anderem von Kreativzellen, also Teilbereichen oder Kooperationen aus dem Bereich der Kreativwirtschaft, beeinflusst oder von der Industrie gefördert werden können – aber nur unter der Voraussetzung, dass sie sich in bereits vorhandene Wahrnehmungsmuster des Verbrauchers einfügen lassen.

## Trendforschung

Trendmonitorings als visuelle Auswertung und Dokumentation des Trendscoutings können Gestaltern, der Industrie oder dem Handel als Spiegel aktueller Tendenzen und kommender Entwicklungen dienen sowie Navigations- und Entscheidungshilfe sein. Die Trendforschung am IIT setzt sich analytisch und strategisch mit einer gewaltigen Informationsflut aus den Bereichen Architektur und Design auseinander und trennt Zukunftsfähiges und gestalterisch Relevantes von Unwichtigem und Banalem. Über unterschiedliche Wahrnehmungsmodelle wie beispielsweise die System Perception Map (» S. 113, 110|1) und weiterführende Arbeitsschritte werden Veränderungsprozesse beobachtet

*Zu Parametern, Methoden und Anwendungsbeispielen der Trendforschung vgl. Nachhaltige Stadtentwicklung* » S. 77, *Bauprozesse von morgen* » S. 125, *Zusammenarbeit von Industrie und Forschung* » S. 130

2

Opaschowski, Horst: Deutschland 2020. Wie wir morgen leben – Prognosen der Wissenschaft. Wiesbaden 2006, S. 61f.

und reflektiert sowie basierend auf der gestalterisch-assoziativen Neu-verknüpfung generiert. Dabei entstehen vorwiegend drei Typen von Trendmonitorings:

- **Typ 1:** Generelle Farb- und Materialprofile, die thematisch übergeordnet, polar differenziert und dabei sehr offen und flexibel als Spektren dargestellt sind. Sie sind gut auf unter-schiedliche Anwendungsbereiche übertragbar.
- **Typ 2:** Polar angelegte, themenbezogen Farb-, Material- und Objektmoods (Bildcluster), die wesentliche erfassbare Grund-charaktere einer Trendrichtung bildhaft skizzieren. Sie zeigen in einem übergeordneten Farbprofil mögliche semantische Zusätze wie Muster, Strukturen oder Formen der Design- oder Produktwelt, die sich meist in unterschiedlichen stilisti-schen Interpretationen äußern (109|1).
- **Typ 3:** Stil- und Milieuwelten, die nach polaren Farbprofilen, aber auch nach stilistischen Parametern konturiert sind und die somit eine klare Zielgruppe ansprechen. Sie sind sehr »spitz« positioniert, was den Interpretationsspielraum des jeweiligen Betrachters bewusst minimiert. Dadurch soll sich ein klares und eindeutig vorkonfektioniertes Bild der nahen Zukunft ergeben (109|2).

Die Trendmonitorings dürfen für Entwurfsentwicklungen und Gestal-tungsempfehlungen die Sehgewohnheiten und Grenzen der Betrachter nicht überstrapazieren. Nur dann werden gestalterische Weiterentwick-lungen richtig decodiert und entsprechend eingeordnet, angewandt oder akzeptiert. Das bildet die Basis für eine breit angelegte Zustimmung oder auch den Beginn der Adaption einer neuen formalen Idee. Gestalterische oder formale Neuentwicklungen gründen stets auf vergangenen Gestalt-sprachen oder Trends und sind an sich Fortschreibungen, Modifikationen oder Gegenprogramme bestehender Zeichensysteme. Dabei muss der Gestalter immer berücksichtigen, dass die Fähigkeit, diese zu decodie-ren, in den kulturell vielschichtigen Zielgruppen – von Experten bis Laien – unterschiedlich vorhanden ist.

Wird für heterogene Nutzergruppen gebaut, zum Beispiel Stadtland-schaft durch Architektur verändert, ist zu bedenken, dass eine ganze Gesellschaft das Ergebnis bewertet und das Gebaute bestenfalls ohne weitere Erläuterungen verständlich sein sollte. Nur dann ist eine Akzep-tanz wahrscheinlich. Werden dagegen für Experten der Gestaltung, das »Leitmilieu der Gestaltungsaffinen«, Raumprogramme entwickelt, so kann der Grad der Fortschreibung als größerer Schritt weg von den Seh-gewohnheiten angelegt sein. Das Entstandene wird später medial trans-portiert und kann so die Basis für eine weitere Adaption bei weniger Gestaltungsaffinen bilden.

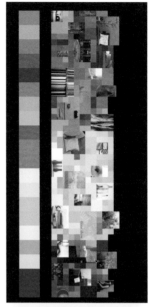

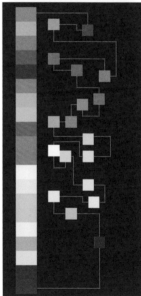

**109|1 Trendmonitoring Typ 2**: Trendmonitoring als geclustertes Farbprofil einer spezifischen Epo-che von 2006, das über semantische Zusätze (Bil-der) thematisch eingegrenzt und beschrieben ist.

**109|2 Trendmonitoring Typ 3**: Polar angelegtes, »spitz positioniertes« Farbprofil von 2006 ohne semantische Zusätze, also noch nicht eingegrenzt und als Stil- und Milieuthema festgelegt. Der nächste Schritt wäre eine passende Bildauswahl zu formalen und materialtechnischen Kriterien.

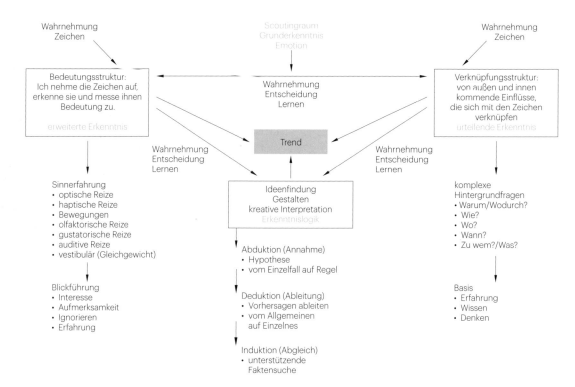

**110|1 System Perception Map**: Der Vorgang des Scoutens zu Veränderungsprozessen oder Neuerscheinungen in Architektur und Design ist über das Beobachten, Erkennen und Aufnehmen von Zeichen organisiert. Das Interaktionsgeflecht von Grunderkenntnis, erweiterter Erkenntnis und urteilender Erkenntnis führt über die Erkenntnislogik zu neuen Interpretationen und Ideen.

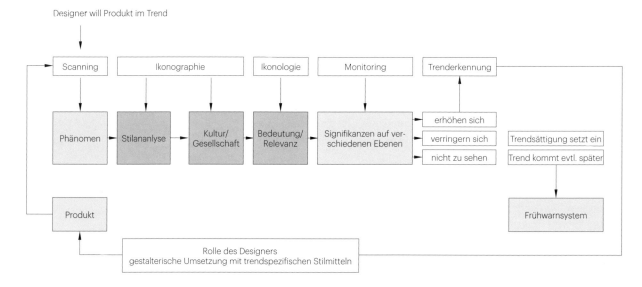

**110|2 Schematisierter Gestaltungsprozess mit trendspezifischen Stilmitteln**: Trendspezifische Gestaltungen setzen eine ständige thematische Auseinandersetzung, Beobachtung und gestalterische Konditionierung voraus. Über die klassische Raum- bzw. Bildanalyse und Deutung sind Aussagen zu gestalterischen Signifikanzen machbar.

# Gelb-Orange-
# Rot-Pink 2000–2006

2003–2006
# Blau-Grün

# Schwarz-Weiß-
# Silber-Grau
2006–2010

**111|1** Die drei **prägenden Farb-
phasen der Jahre 2000–2010**
Über Bildbetrachtungsmodelle
werden die signifikanten Farb- und
Materialprofile ermittelt und formuliert. Die Farb- und Material-»Clouds«
zeigen die teilweise parallel existierenden Farbigkeiten, die jeweils
dominant wahrnehmbar sind.

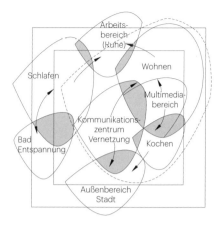

112|1 **Grundrissentwicklung zum Thema »Wohnen der Zukunft«**, Ergebnis einer Expertenbefragung im Jahr 2011

*»Wer in die Zukunft sehen oder gar die Zukunft voraussagen will, muss möglichst viel vom Gegenwärtigen und Vergangenen wissen.«*

Opaschowski, Horst: Zukunft neu denken. In: Popp, Reinhold; Schüll, Elmar: Zukunftsforschung und Zukunftsgestaltung. Berlin/Heidelberg 2009, S. 17

3
───────────
Buether, Axel: Die Bildung der räumlich-visuellen Kompetenz. Burg Giebichenstein 2010

Die Frage, was die Gesellschaft zukünftig an Gestaltungsinnovationen fordert, gewinnt für Unternehmen, aber auch für Architekten und Designer weiter an Bedeutung. Die Themen Farbigkeit, Materialität und Form in der Architektur werden zum Beispiel seit vielen Jahrzehnten kontrovers diskutiert und rücken aktuell wieder bei vielen Gestaltungsprozessen in den Mittelpunkt. Farbigkeit wird dabei als Teil der Stadtbildentwicklung zum Marketingfaktor, Architektur zum Produkt und der Gestaltungsspielraum gebauter Hüllen erweitert sich durch Materialinnovationen. Der Auftrag und die Dringlichkeit strategischen Handelns in Bezug auf zukunftsrelevante formalästhetische Entwicklungen sind offensichtlich. Die Spanne reicht von konkreten Fortschreibungen bestehender nachhaltiger Entwicklungen bis zur Kreation von digitalen Modellen, die in der Lage sind, Denkanstöße zu geben und Sehgewohnheiten weiterzuentwickeln und so wiederum einen gewissen Innovationsdruck entstehen lassen können.

Das spezifische Thema der Farbe oder der Farbgebung ist hierbei nur ein Parameter, der aber eine nicht zu unterschätzende Wirkung hat. Trendfarben sind zeichenhafter Ausdruck unterschiedlicher vorherrschender Orientierungen, die in erster Linie dazu dienen, Zugehörigkeit zu einer idealisierten Benutzergruppe zu demonstrieren, den Zeitgeist zu repräsentieren oder als Teil eines Marketingkonzepts darauf zielen, einen Bedeutungsunterschied zu generieren. Trendfarben stellen in der Interaktion mit anderen formalästhetischen Parametern das zugehörige visuell wahrnehmbare Zeichensystem dar, entsprechend den Trendmonitorings der Typen 1–3. Spezifische Farbprofile, zum Beispiel für das übergeordnete Thema Ökologie und Nachhaltigkeit, können sich so in allen drei Monitoringtypen in unterschiedlichem Umfang mehr oder weniger konkret wiederfinden. Die formalästhetischen Parameter, die zu den jeweiligen Typenmonitorings ermittelt, kreiert und formuliert werden, unterscheiden sich allerdings in ihrer Prägung und späteren zielgruppenorientierten Ausrichtung.

Wie aber funktionieren Wahrnehmungs- und Zeichensysteme, und wie werden die richtigen Trends und Codes ermittelt? Den unmittelbaren Zusammenhang von Wahrnehmung und Zeichendeutung sowie den Umgang damit beim Thema Trend- und Zukunftsforschung beschreiben wir über die System Perception Map als Kreislauf und Interaktionsgeflecht auf vier Erkenntnisebenen (110|1). Anhand dieser Methodengrafik, die sich auf neurobiologische und wahrnehmungspsychologische Erkenntnisse der »Bildung der räumlich-visuellen Kompetenz«[3] und den Methodenkanon des IIT stützt, sollen Zusammenhänge und Prozesse zum Trendscouting und -monitoring aufgezeigt werden. Die System Perception Map beschreibt Wahrnehmungskriterien und -mechanismen, die Position der Dekodierung wahrgenommener Bedeutungs- und Verknüpfungsstrukturen im Gesamtprozess sowie die kreative Interpretation der Erkenntnislogik zu einem Thema.

Im Wesentlichen funktioniert das Aufspüren von Veränderungsprozessen oder Neuerscheinungen in Architektur und Design über das Beobachten, Erkennen und Aufnehmen von Zeichen. Hierbei spielen zunächst die Grunderkenntnis und die erweiterte Erkenntnis eine tragende Rolle. Die Grunderkenntnis ist die Wechselwirkung zwischen grundsätzlich vorhandenem Wissen zum Thema und den an Emotionen gebundenen Grunderkenntnissen der Realität. Die vom Gehirn erfassten Informationen bilden so die Grundlage für das Verstehen des uns umgebenden Betrachtungsraums. Die erweiterte Erkenntnis beschreibt die Aufnahme von Zeichen und Codes als das eigentliche Trendscouten. Den erfassten Daten wird mittels Decodierung eine bestimmte Bedeutungsstruktur zugemessen. Dieser Vorgang ist ein mehrstufiger »Destillationsprozess«, in dem wir die erfassten Daten mehrfach nach unseren Betrachtungsmodellen analysieren, sortieren und Themen zuordnen. Im Gegensatz zum emotional gelagerten »unbewussten Wissen« der Grunderkenntnis basiert die erweiterte Erkenntnis auf realisierten und lernbaren Zeichen, auf Methodik und Prozessablauf sowie auf der Konditionierung von Experten.

Die urteilende Erkenntnis bildet als weiterführende Interpretation der jeweiligen Bedeutungsstruktur schlussendlich die Verknüpfungsebene. Hier werden Bild- und Informationsmaterial nach weiteren Kriterien wie der Zukunftsfähigkeit oder dem Auftreten eines Phänomens in der Vergangenheit hinterfragt, analysiert und erneut zugeordnet und in polaren formalästhetischen Gruppen zusammengefasst. In der daraus resultierenden Erkenntnislogik lässt sich nun über begründbare Annahmen und Erfahrungswerte eine Ableitung als Trendmonitoring generieren, das formalästhetische Kriterien klar beschreiben und darstellen kann.

> »Das heißt also, man erkennt etwas, dass sich verändert hat oder ein ungewöhnliches, neues Phänomen bildet und fokussiert sich darauf, indem man es in einzelne Teile zerlegt, Hintergründe analysiert, nach ähnlichen Phänomenen sucht und diese Teile wieder zu einem neuen Ganzen zusammenführt.«
> Livia Baum, IIT HAWK Hildesheim, 2011

## Zukunftsforschung

Welche Methoden der Zukunftsforschung sind nun für den gestalterischen Bereich sinnvoll, und warum sollten sich Gestalter und Architekten damit beschäftigen? Die wissenschaftliche Betrachtung des Wohnens als Grundbedürfnis und eines der zentralen Themen für den Menschen erachten wir an unserer Fakultät als besonders wichtig. Dabei spiegelt unsere Arbeitsweise die immer stärker werdenden interdisziplinär ausgerichteten Arbeitsabläufe der Kreativwirtschaft beziehungsweise der aktuellen Wirtschaftsrealität wider.

Die Vergangenheit können wir anhand von Gegenständen deuten und uns so ein Bild davon machen. Warum sollte dies nicht auch für die Zukunft gelingen? Die analytischen Vergangenheits- und Gegenwartsbetrachtungen mithilfe unserer Betrachtungsmodelle sowie darauf aufbauende, methodisch ermittelte Zukunftsbilder, die wir Trendmonitorings nennen, helfen uns, Entwicklungen einzuordnen, zu formulieren und mit entsprechendem Hintergrundwissen anzureichern, um weitergehende Zukunftsforschung durchzuführen.

> »Vorausschauen bedeutet bewusst machen, zu Fragen anregen, zu Antworten herausfordern, zum Handeln, zum Entwickeln von Lösungsansätzen und Strategien sowie zum Ergreifen von Maßnahmen ermutigen.«
> Opaschowski, Horst: Zukunft neu denken. In: Popp, Reinhold; Schüll, Elmar: Zukunftsforschung und Zukunftsgestaltung. Berlin/Heidelberg 2009, S. 19

4

Grunwald, Armin: Wovon ist die
Zukunftsforschung eine Wissenschaft. In: ebd., S. 26

*»Der unablässige Versuch, das Außen*
*im Innen und das Innen im Außen*
*zu beheimaten, das Pendeln zwischen*
*Cocooning und Entgrenzung, beschreibt*
*Eckpfeiler der modernen Befindlichkeit*
*zwischen dem Geometrischen und dem*
*Organisch-Runden, zwischen ›Abstrak-*
*tion und Eingrenzung‹ (Wilhelm Wor-*
*ringer) [...].«*

Brüderlin, Markus: Einführung Interieur Exterieur.
Die moderne Seele und ihre Suche nach der idea-
len Behausung. In: Interieur Exterieur. Wohnen in
der Kunst. Katalog zur Ausstellung im Kunstmu-
seum Wolfsburg. Hrsg. von Markus Brüderlin und
Annelie Lütgens. Ostfildern 2008, S. 15

*Als intelligente Materialien oder* smart
materials *werden Werkstoffe bezeich-*
*net, deren Eigenschaften sich elektrisch*
*oder magnetisch schalten lassen. Sie*
*sind vor allem dann nützlich, wenn sie*
*komplizierte technische Systeme verein-*
*fachen oder ganz neue Funktionen und*
*Eigenschaften erreichen.*

nach: http://www.isc.fraunhofer.de/
newsdetails0+M5df20eb004e.html (abgerufen
am 20.10.2011)

Entwickelt sich die Zukunftsforschung weg vom prognostischen, hin zu einem szenarienhaften Umgang mit Zukunftsdarstellungen,[4] so sind Stadtplaner, Architekten und Gestalter für die Erstellung von Zukunfts-szenarien prädestiniert. Sie arbeiten immer mit der Vorstellung von zukünftigem Denken und Handeln. Ihre Arbeit ist per se in die Zukunft gerichtet und versucht, im Entwurfsprozess Anforderungen und Mög-lichkeiten der zukünftigen Nutzung zu projizieren. Dazu brauchen sie jedoch fundierte Informationen über die möglichen Lebensmodelle und Themen, die an Bedeutung gewinnen werden. Für diese Form von Infor-mationen bieten sich Expertenbefragungen und Expertendiskussionen in Form von Delphibefragungen an. Die Delphibefragung erfolgt in meh-reren Wellen, die aufeinander aufbauen und die Ergebnisse der vorange-gangenen absichern, präzisieren und weiterentwickeln. Dabei werden die Experten durch ein gezieltes Fragendesign angeregt, Lösungsansätze für zukünftige Lebensmodelle zu entwickeln. Die Kombination von Zyk-lenbetrachtung, Trendscouting und Monitoring sowie Delphibefragung bildet am ITT die Grundlage für die Erstellung von Zukunftsszenarien. In der Zyklenbetrachtung haben wir beispielsweise eine steigende Indi-vidualisierung festgestellt, die sich im persönlichen Handeln nieder-schlägt und entsprechende Gestaltungslösungen fordert. Das hat Aus-wirkungen auf die Lebensformen und die damit verbundenen Szenarien zum Beispiel des Wohnens. In einer Expertenbefragung wurde als zu-künftige Lebensform die Patchworkfamilie erkannt und bestätigt. Eine Verknüpfung der Bereiche Wohnen und Arbeiten sowie Schlafen und Wellness beziehungsweise der Ansprüche, bewusst und gesund zu leben und zu entspannen, stehen im Mittelpunkt aktueller Raumanforderun-gen (112 | 1). Eine zunehmende intelligente und interaktive Medialisierung des Wohnraums sowie der Vertikal- und Horizontalflächen, integriert in vertraute raumbildende Elemente, ist nicht mehr abzuwenden. Darüber hinaus wird eine Entwicklung in Richtung Verknüpfung von Innen- und Außenbereichen des Wohnraums von den befragten Experten gewünscht und bereits vereinzelt aus der Gesellschaft gefordert. Das deutet sich auch in der Verwendung der Materialien an, die die Experten für den Innen- und Außenbereich gleichermaßen erwarten. So wird der Einsatz von » smart materials «, aber auch von atmosphärisch geprägten Mate-rialien eine wichtige Rolle spielen.

## Fazit

Auf der Basis des Methodenkanons des Institute International Trend-scouting (IIT) unterscheiden wir drei Typen der Szenarienentwicklung: Typ 1 ist ein beschreibendes Szenario, das in Bezug auf formalästhetische Kriterien weite Interpretationsspielräume erlaubt. Diese Form der Beschreibung kommt zur Vorentscheidung oder weiteren Diskussion mit Experten zum Einsatz. Typ 2 ist ein beschreibendes und visuell gelagertes

Szenario, in dem Text- und Bildbotschaften so aufeinander abgestimmt sind, dass entsprechende Textbausteine die abstrakten Zukunftsbilder ergänzen. Der Betrachter schließt die fehlenden Lücken im Bild selbst und schafft sich so eine eigene, aber dennoch gelenkte Vorstellung. Diese Form der Szenariendarstellung ist die am häufigsten für Gestaltungs- und Innovationsprozesse am IIT eingesetzte. Die Szenarieninhalte widmen sich primär den Themen Architektur, Innenraumgestaltung und Design. Typ 3 ist ein rein bildhaftes Szenario, das meist als eine Art »Moodgrafik« ein Thema oder eine Gestaltungstypologie beschreibt, Impulse auslösen oder Diskussionen und Entwicklungen anstoßen kann.

Der Philosoph Karl Raimund Popper war der Ansicht, dass nur kühne Theorien die Wissenschaft befördern können.[5] Übertragen auf die Gestaltungsprofessionen kann dies bedeuten, dass es visionäre Designs als Referenzobjekte geben muss, um die Zukunftsgestaltung zu fördern. Wenn wir nicht wollen, dass Science-Fiction-Filme der prägende Faktor für unsere Vorstellungen von Zukunft werden, wenn wir aktiv und professionell Sehgewohnheiten weiterentwickeln wollen, müssen solche wünschenswerten und greifbaren Szenarien sowohl in der Architektur- und Designbranche als auch in der Wirtschafts- und Hochschulrealität verstärkt ermittelt und kreiert werden. Dieses Anliegen wollen wir an der HAWK gemeinsam mit unserem Partnernetzwerk und im Dialog mit Gestaltern, der Industrie und Experten unterschiedlichster Arbeitsfelder weiterentwickeln.

**115 | 1 Methodenkanon zur Zukunftsforschung.** Die einzelnen Forschungsebenen der Vergangenheits- und Gegenwartsbetrachtung bilden die Basis zur Formulierung von Zukunftsszenarien.

5

Popper, Karl Raimund: Das Abgrenzungsproblem. In: Mill, David (Hrsg.): Lesebuch. Ausgewählte Texte zur Erkenntnistheorie, Philosophie der Naturwissenschaften, Metaphysik, Sozialphilosophie. Tübingen 1995, S. 107

**116|1 Ørestad Gymnasium**, Kopenhagen (DK) 2007, 3XN Architects

Hauptphase
Weiß-Holz

Hauptphase
Schwarz-Weiß-Grau

**117|1** Das **Trendmonitoring** visualisiert anhand »gefilterter« Bilddaten wesentliche Gestaltungselemente und Farbprofile.

# Living Ergonomics – Bewegungskonzepte für Arbeitsweltarchitekturen

**Text**   Burkhard Remmers

*Der Begriff* Ergonomie *ist ein Kunstwort aus den griechischen Wörtern »ergon« (Arbeit) und »nomos« (Lehre, Gesetz). Die Ergonomie ist die Lehre von der menschlichen Arbeit und befasst sich mit der optimalen Anpassung der Arbeit an die Eigenschaften und Fähigkeiten des Menschen.*

nach: http://www.dguv.de/ifa/de/fac/ergonomie/ index.jsp (abgerufen am 18.11.2011)

**Die Arbeitsmedizin macht Fortschritte, die Ergonomie wird immer ausgefeilter, körperliche Belastungen werden zunehmend reduziert – und dennoch explodieren die Gesundheitskosten, und die Krankenstände steigen an. Das scheinbare Paradoxon: Gerade in Büroarbeitswelten, in denen die physiologischen Belastungen mittlerweile auf ein Minimum reduziert sind, nehmen Muskel- und Skeletterkrankungen seit Jahren deutlich zu. Ist es da nicht höchste Zeit, den bisherigen Ansatz der Ergonomie zu überprüfen und grundsätzlich neu zu denken? Was bedeutet das für die Gestaltung von Produkten? Für die Wertschätzung des Menschen? Und nicht zuletzt für Organisationsmodelle und Bürogebäude?** Dieser Beitrag erläutert am Beispiel der Entwicklung eines neuartigen Sitzkonzepts Hintergründe und Zusammenhänge und zeigt die Perspektiven einer positiven, am Menschen orientierten Ergonomie auf. Der ergonomische Paradigmenwechsel von Reduktion, Statik und eindimensional verstandener Effizienz hin zu Anreicherung, Dynamik und ganzheitlichem Wohlbefinden schließt die Notwendigkeit ein, auch Architektur neu zu denken: als Lebensraum, der den biologischen Anforderungen des menschlichen Organismus gerecht wird.

## Kernkompetenz Bewegungssitzen

Wilkhahn als internationaler Spezialist für Entwicklung, Herstellung und Vertrieb von hochwertigen Möbeln für Büro-, Konferenz- und Kommunikationsräume befasst sich seit vier Jahrzehnten mit Bewegungskonzepten für die Büroarbeit. Bereits 1972 gab das Unternehmen bei dem

Produktdesigner Prof. Hans Roericht eine umfangreiche Studie in Auftrag: »Vom Dauersitzen zum Bewegungssitz«. Deren Ergebnisse führten zur Entwicklung einer einbeinigen Stehhilfe durch das Designstudio ProduktEntwicklung Roericht (PER) und bei Wilkhahn 1980 zur ersten Drehstuhlentwicklung, die das »dynamische« Sitzen weltweit als Merkmal gesunder Bürostühle etabliert hat. Nach vielen Stuhlentwicklungen mit zahlreichen Innovationen im Detail startete das Unternehmen 2005 ein neues, grundlegendes Entwicklungsprojekt, mit dem es einen ähnlichen Innovationsschub erreichen wollte wie 25 Jahre zuvor.

Der Entwicklungsplan sah eine einjährige Phase für Grundlagenarbeit und -forschung vor, auf deren Ergebnissen dann die eigentliche Konzeptentwicklung fußen sollte. Das Vorgehen sollte ein »Reset« ermöglichen, um verschiedene Innovationspotenziale völlig ergebnisoffen zu eruieren. Im ersten Jahr wurden systematisch verschiedene Suchfelder bearbeitet, die auf die Büroarbeit insgesamt Einfluss nehmen.

## Projektraum und Methodik

Um dem Projekt die angemessene Bedeutung innerhalb des Unternehmens zu geben, übernahm der geschäftsführende Gesellschafter selbst die Projektleitung. Für die Bearbeitung stand ein eigener Raum zur Verfügung, um jenseits des Tagesgeschäfts völlig frei und ungestört daran arbeiten zu können. Die Wände und Tische des Raums dienten als 360-Grad-Display der Informationen und Ergebnisse aus den Suchfeldern. Durch die synchrone Visualisierung waren alle Informationen stets präsent, Querverbindungen, Widersprüche und Abhängigkeiten wurden sofort transparent. Zum Thema Materialien und Technologien wurden Muster aus den unterschiedlichsten Bereichen zusammengetragen, von Schwimmflossen über Sportschuhe bis zu Zahnbürsten, die durch ihre Geometrien und Strukturen Mehrfachfunktionen etwa für partielle Beweglichkeiten übernehmen können. Parallel wurde alles Gewohnte an einem Bürostuhl hinterfragt und neu gedacht: von Rollen und Armlehnen über Schalen- und Rahmenkonstruktionen bis zu völlig neuartigen Steh-Sitz-Ideen. Alle diese Überlegungen wurden gebaut, getestet und bewertet, sei es als Funktionsmuster, als Modell oder als besitzbarer Prototyp (120|1 und 120|2).

## Neue Zusammenhänge

Besonders aufschlussreich war eine Versuchsanordnung zum visuellen Komfortempfinden. Wann wird ein Stuhl optisch als einladend und komfortabel empfunden? Dafür fixierten die Entwickler bei vier Bürostühlen Sitz und Rücken in unterschiedlichen Winkeln: von aufrechter Lehne mit vorgeneigter Sitzfläche (»Hab-Acht-Stellung«) über verschiedene Öffnungswinkel und Kippstellungen bis zu einem offensichtlich bequemen,

119|1 bis heute gültiger Standard für Bewegungssitzen: der Designer Werner Sauer auf dem **Bürostuhlklassiker** FS-Linie 1980 und 2005

*Betrachtete Suchfelder:*

- *allgemeine gesellschaftliche Entwicklungen in den internationalen Volkswirtschaften, wie etwa die langfristigen Trends im Primär-, Sekundär- und Tertiärsektor; Wandel der gesellschaftlichen Wertesysteme in Bezug auf den Arbeitsbegriff; physiologische Entwicklungen hinsichtlich Körpergröße und -gewicht*
- *dynamische Veränderungen innerhalb der Büroarbeitswelt, die vor allem durch die Informations- und Kommunikationstechnologie hervorgerufen werden und weltweit zu neuen Büroarbeitsformen und Organisationsmodellen führen*
- *neueste Erkenntnisse zu Gesundheit, Psychologie und Ergonomie*
- *branchenübergreifendes Screening neuer Technologien und sogenannter intelligenter Materialien*
- *umfassende Wertanalyse relevanter Bürostühle inklusive der Analyse unterschiedlicher Kinematikmodelle und Sitzcharakteristika*
- *weltweite Entwicklungen der ökologischen Anforderungen*

sehr großen Öffnungswinkel (»Lümmelhaltung«). Das Ergebnis der Befragung von 23 Probanden überraschte: Die sozialen Konventionen für die Beurteilung eines »angemessenen« Komforts spielen offensichtlich ebenso eine Rolle wie das ergonomische Vorwissen über angeblich richtiges Sitzen oder das subjektive Empfinden.

Dieser Zusammenhang von psychologischen, kognitiven, sozialen und ergonomischen Aspekten für das Wohlbefinden führte zum spannendsten Suchfeld: neue Studien aus der Gesundheitsforschung. Die Entwickler analysierten Langzeitstudien der Bertelsmann Stiftung und Studien des Zentrums für Gesundheit an der Deutschen Sporthochschule Köln. Die Ergebnisse sehen den Umgang mit dem Thema Rückenschmerzen als eigentliche Ursache für die grassierende »Rückenschmerz-Epidemie« und fast alle weiteren Zivilisationskrankheiten. Demnach verlängern Therapien, die auf Medikation, Schonung und passive Behandlungen ausgelegt sind, die Beschwerden, da sie die körpereigenen Regelsysteme abschalten, anstatt sie zu aktivieren.

## Krank machende Entlastung

Was bedeuten diese Erkenntnisse für die Büroarbeit, die Arbeitsprozesse, das Sitzen? Wilkhahn nahm Kontakt mit dem Zentrum für Gesundheit und seinem Leiter Prof. Ingo Froböse auf, einem anerkannten Experten für Prävention und Rehabilitation und einem engagierten Verfechter eines neuen Gesundheitsverständnisses. Er erläuterte das scheinbare Paradoxon, dass weniger Belastung die Gesundheit verschlechtern kann: Gerade bei der Büroarbeit führen ausschließlich auf körperliche Entlastung ausgelegte Ergonomiestrategien nicht zu einer besseren, sondern zu einer deutlich schlechteren gesundheitlichen Verfassung. Aus dem Schutz vor einseitiger physischer Überlastung ist eine dauerhafte Unterforderung geworden bei gleichzeitig deutlich erhöhten mentalen Anforderungen. Beides zusammen erzeugt einen fatalen Kreislauf: Bewegungsmangel und Reizarmut führen zu schmerzhaften Degenerationen, die zusätzlich psychisch belasten. Der erhöhte psychische Druck wiederum stört die Stoffwechselfunktionen und verstärkt dadurch körperliche Beschwerden. Auf dem Weg zur Arbeit und in den Bürogebäuden selbst wird der Körper immer weniger gefordert. Kurze Wege, Aufzüge und der computerbedingte Wegfall von Archiv- und Botengängen haben die physische Aktivität zur Erledigung der Arbeit auf die Fingerbewegungen zur Bedienung von Tastatur und Maus reduziert. Studien ermitteln bei erwachsenen Männern in Deutschland eine körperliche Aktivität von nur noch durchschnittlich 25 Minuten pro Tag gegenüber den zehn bis zwölf Stunden, für die der Körper biologisch ausgelegt ist. Froböse räumt ebenso mit den geläufigen Vorstellungen der Ergonomie von »richtigen« oder »falschen« Sitzhaltungen auf. Das Stillsitzen in aufrechter Haltung als Ausweis konzentrierter Arbeit führt auf Dauer zu Verspannungen,

120|1 **Modelle aus Schaum** im Maßstab 1:1 sind relativ schnell herzustellen und zu modifizieren. Sie bieten die Möglichkeit, die Proportionen komplexer, dreidimensionaler Baukörper zu bewerten.

120|2 Im Designprozess wurden rund 80 **handgefertigte Modellteile und Komplettmodelle** hergestellt, um zum finalen Ergebnis zu gelangen.

Schläfrigkeit und Kopfschmerzen. Die Studien bewiesen damit, dass die »Korsettphilosophie« der Sitzergonomie in eine Sackgasse geführt hat: Der Anspruch, den Körper durch komplexe Einstellungen maximal zu entlasten, nimmt ihm Bewegungsanreize und vergrößert das Problem, anstatt es zu lösen. Damit war wissenschaftlich untermauert, was Wilkhahn seit fast vier Jahrzehnten zur Grundlage seiner Bürostuhlentwicklungen gemacht hatte: konsequente Bewegungsförderung für aktives und dynamisches Sitzen.

## Erkenntnisse aus der Biologie

Was aber sind gesunde Bewegungen? Für Bewegungsräume und Körperhaltungen gilt, dass alle Gelenkfunktionen und Positionen richtig und wichtig sind, die der Köper schmerzfrei ausführen kann. Das neue Sitzkonzept sollte deshalb zu einer möglichst vielfältigen und natürlichen Beweglichkeit animieren sowie den häufigen Wechsel zwischen unterschiedlichen Sitzpositionen fördern, um die Stoffwechselrezeptoren zu aktivieren. Um das Risiko einer Fehlentwicklung zu reduzieren, wurde das Zentrum für Gesundheit 2007 beauftragt herauszufinden, inwieweit die 1992 überarbeitete, dreidimensional bewegliche Stehhilfe tatsächlich gesundheitsfördernd ist. Bei den Versuchspersonen wurde über einen Zeitraum von acht Wochen der Büroarbeitsplatz durch die Stehhilfe ergänzt. Die Teilnehmer waren angehalten, über die Nutzung Buch zu führen. Der Vergleich von Vor- und Nachuntersuchung der Probanden übertraf die Erwartungen. Die Nutzung der Stehhilfe beansprucht und aktiviert nicht nur weitaus mehr stabilisierende Muskelgruppen, sondern verbesserte bei den Teilnehmern auch die koordinativen Fähigkeiten, etwa um die Körperbalance zu halten. Damit wurde die Kernidee des neuen Sitzkonzepts bestätigt: die Integration natürlicher dreidimensionaler Beweglichkeiten und Muskelstimulationen.

## Aus Analogien zur Natur lernen

Die bisherige zweidimensionale Sitzdynamik bildet die Beugung und Streckung des Rumpfes ab. Würde sich der Mensch analog dieser Kinematik bewegen, wäre seine Fortbewegung auf Abläufe wie beim Sackhüpfen beschränkt. Was lag daher näher, als umgekehrt die natürlichen Gelenkfunktionen des Körpers zum Vorbild zu nehmen? Die Beweglichkeit der Hüfte als Vitalitäts- und Bewegungszentrum des Körpers wurde zum entscheidenden Ansatz des neuen Konzepts. Von der Hüfte aus lassen sich die Elastizität der Wirbelsäule, die Schultergelenke sowie die Rücken-, Nacken- und Halsmuskulatur, aber auch die Kniegelenke und Beinmuskulatur als gesamthaftes System stimulieren. Dabei geht es nicht nur um Vorwärts-, Rückwärts- und Seitwärtsbewegungen, sondern um deren freie Kombination als Rotation. Entsprechend ermöglicht die

121|1 **Finite-Element-Berechnung** für den rechten Schwenkarm, der vorne die Kniegelenk- und hinten die Hüftgelenksfunktion aufnimmt: In der digitalen Simulation werden die Belastungsspitzen deutlich.

121|2 Studienbestandteil Sitzkomfort: Mittels kalibrierter dünner Sitzmatten werden **Druckverteilung und Druckspitzen** in Sitzfläche und Rückenlehne gemessen. Das neue Sitzkonzept schneidet auch hier in der Vergleichsstudie am besten ab.

neu entwickelte Trimension völlig natürliche, dreidimensionale Bewegungsabläufe von Sitz und Rücken, die allen Bewegungsrichtungen inklusive der Rotation folgen. Die Drehpunkte entsprechen den Positionen und Funktionen der menschlichen Knie- und Hüftgelenke. Der Körperschwerpunkt bleibt in jeder Position im Gleichgewicht, und die stützende Federkraft nimmt synchron mit der Bewegung zu. Durch die geförderten Drehbewegungen von Hüfte und Rumpf wird über Muskelschlingen das gesamte Bewegungssystem aktiviert, insbesondere die für die Stabilisierung der Wirbelsäule so wichtige tiefe Rückenmuskulatur. Das lässt erwarten, dass sich Wohlbefinden und Aufmerksamkeitsfähigkeit im Vergleich zum Sitzen auf konventionellen Bürostühlen signifikant verbessern und die sonst für das passive Sitzen typischen Rückenbeschwerden nicht mehr auftreten. So einfach das Konzept scheint: Es dauerte weitere vier Jahre, um die Komplexität der natürlichen Dynamik des Körpers in der Kinematik abzubilden und gleichzeitig auch die Gestaltungs- und Kostenziele für den neuen Bürostuhl zu erreichen.

## Gestaltungsqualität als neue Dimension der Ergonomie

Auch die ästhetische Qualität als unmittelbarer Einflussfaktor auf Wohlbefinden und Leistungsfähigkeit ist ein bislang vernachlässigter Aspekt der Ergonomie. Reizüberflutung oder im Design manifestierte Ausrufezeichen verändern durch ihre Stresswirkung die biochemische Qualität der Stoffwechselprozesse und führen im negativen Fall zu körperlichem Unwohlsein, Verspannungen und Rückenschmerzen. Bei Bürostühlen bedeutet das, dass »Sitzmaschinen«, die an medizinische Geräte und Skelettkonstruktionen erinnern, einen positiven, intuitiven und natürlichen Zugang zu den eigenen Körperkompetenzen behindern. Erstklassige Gestaltungsqualität ist damit weit mehr als »nice to have«. Wie bei den physiologischen Aspekten gilt auch für die psychologische Disposition, dass Wohlbefinden auf einem aktivierenden und stimulierenden Level zwischen Reizreduktion und Reizüberflutung entsteht. Da das gesamte Raumkonzept diesen Level definiert, wurde das neue Bürostuhlprogramm mit dem Anspruch gestaltet, das neue Sitzen zwar ablesbar zu machen, aber so zurückhaltend, dass sich der Stuhl auch in größerer Anzahl in unterschiedliche Gestaltungskonzepte einfügt.

## Evaluation und Validierung

Das Zentrum für Gesundheit führte 2009 noch vor der Serienfertigung eine erste wissenschaftliche Studie mit dem neuen Bürostuhl durch. Mit modernsten Messmethoden wurden bei 19 Probanden die Interaktionen zwischen Körper und Stuhl untersucht. Die Untersuchungsfelder umfassten Komfort- und Bewegungsanalyse, biologische Diagnostik und sub-

122|1 Ergebnis des fünfjährigen Forschungs- und Entwicklungsprozesses: Der weltweit erste Bürostuhl mit dreidimensionaler, synchron gestützter Kinematik für ein möglichst **natürliches Bewegungssitzen**.

jektive Empfindungsdokumentation, um zu überprüfen, ob und wie die neuen Bewegungsmöglichkeiten genutzt und bewertet werden. Die Studie belegte das Erreichen der Entwicklungsziele: Die Beweglichkeiten des Stuhls entsprechen den physiologischen Gelenkfunktionen, und die Nutzer empfanden die natürliche Bewegungsvielfalt als äußerst komfortabel und angenehm.

Nach fünfjähriger Entwicklungszeit und 3,5 Millionen Euro Investitionskosten kam das neue Programm Ende 2009 auf den Markt (122|1). Sein kommerzieller Erfolg zeigt deutlich, dass es sich lohnt, in grundsätzliche Innovationen zu investieren und dafür die Unterstützung von Forschungsinstitutionen zu suchen. In der Zusammenarbeit mit dem Zentrum für Gesundheit konnten die Gesundheitsfaktoren sowie Nutzererwartungen und Nutzerakzeptanz fundiert herausgearbeitet werden. Dass das Programm weltweit auch mit höchsten Designpreisen ausgezeichnet wurde, ist ein Beleg dafür, dass Gesundheit und Ästhetik kein Widerspruch sein müssen. Ästhetik ist nach diesen Forschungsergebnissen sogar Bestandteil des Wohlbefindens.

## Ableitungen für die Architektur

Der Mensch ist keine mathematisch berechenbare Größe, sondern ein individueller, dynamischer Organismus, dessen Bedürfnisse sich im Verlauf eines Tages ändern. Den Nutzer nicht mehr als Objekt, sondern als Subjekt zu begreifen, enthält deshalb viele Implikationen, die weit über den »Mikrokosmos« Bürostuhl hinausgehen. Bis heute werden Raumprogramme, Flächennutzungen und Wegeführungen in vielen Gebäudetypen analog zur klassischen Ergonomie auf Reduktion, Verdichtung und kurze Wege ausgelegt. Alles, was nicht direkt produktiv erscheint, wird auf das Notwendigste beschränkt oder komplett eliminiert. Sind Aufzüge wirklich eine Verbesserung? Oder gewinnen nicht gerade zentrale Treppenführungen eine gesundheitliche (sowie organisatorische und soziale) Bedeutung? Wird die automatisierte Steuerung von Licht und Raumklima dem Menschen als dynamischem System gerecht? Wie muss Organisation räumlich abgebildet werden, damit sie den Menschen auch physiologisch aktiviert?

Gesundheit wird vor dem Hintergrund des demografischen Wandels und der zunehmenden Wertschöpfung in Büroprozessen zum Megathema der Gesellschaft. Die wissenschaftlichen Erkenntnisse über die Biologie des Menschen und ihre Wechselwirkungen mit psychologischen und sozialen Faktoren bieten fundierte Planungs- und Argumentationsgrundlagen, um auch die Arbeitsweltarchitektur neu zu denken: Architektur als Bewegungsraum, als stimulierende und aktivierende Reizsetzung, als Begegnungsstätte für sozialen Austausch und Wissensmanagement sowie als ästhetische Umgebungsqualität (116|1, 123|1 und 123|2). Kurz: Architektur für das Wohlbefinden der Menschen.

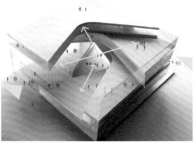

123|1 und 123|2 **Architektur als Bewegungsraum**: Das Ørestad Gymnasium in Kopenhagen fördert mit seinen fließenden Räumen und offenen Lehrinseln, die sich um das zentrale Treppenhaus gruppieren, neben der Ausbildung von Sozialkompetenz auch die vitalen Körperfunktionen und damit Konzentrationsfähigkeit und Lernerfolg. 3XN Architects, 2007

*Weitere Gesichtspunkte des sozialen und gesellschaftlichen Wandels vgl. Zurück zum Sozialen* » S. 60, 69, *Nachhaltige Stadtentwicklung* » S. 71f., *Trendprognosen* » S. 102, *Die Forschungsinitiative »Zukunft Bau«* » S. 137

# Bauprozesse von morgen – Trends, Szenarien, Entwicklungsachsen

**Text** Alexander Rieck

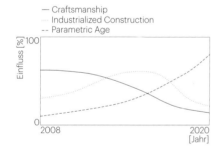

— Craftsmanship
···· Industrialized Construction
-- Parametric Age

**124|1** Übersicht über den sich wandelnden Einfluss der **FUCON-Szenarien für die Zukunft**

**1**

FUCON-Projektteam am Fraunhofer IAO: Alexander Rieck, Daniel Krause, Steffen Braun

**2**

Züblin, Thyssen Krupp, KOP, Schüco, LAVA, Drees & Sommer, Conclude, Design to Production, Würth, Brodbeck, OFB, IWTI, Steelcase, Saint-Gobain

**In der Diskussion um den steigenden Ressourcenbedarf nimmt die Bauindustrie eine Schlüsselstellung ein. Während aber in anderen Branchen wie zum Beispiel im Automobil- oder Schiffsbau in den letzten Jahren Innovationen vorangetrieben wurden, sind die Fortschritte im Bauwesen sehr langsam. Um den wachsenden Anforderungen an Gebäude und Städte gerecht zu werden und die daraus resultierenden Chancen bestmöglich auszuschöpfen, ist es für Unternehmen der Baubranche jedoch unerlässlich, schon heute die entscheidenden Fragestellungen der Zukunft vorauszudenken.** In diesem Bewusstsein hat das Fraunhofer-Institut für Arbeitswirtschaft und Organisation (IAO) in Stuttgart[1] gemeinsam mit Unternehmen der Baubranche das Innovationsnetzwerk FUCON (FUture CONstruction) ins Leben gerufen. Ziel des Projekts ist es, Trends und Szenarien für das zukünftige Bauen zu erarbeiten, um daraus die notwendigen Konsequenzen in Form von Handlungsstrategien für die Unternehmen und die Branche abzuleiten. Darüber hinaus sollen die entwickelten Szenarien als Vision und Richtungsweiser sowie als gemeinsames Leitbild der Baubranchen dienen und einen konstruktiven Dialog aller am Bau Beteiligten anregen und unterstützen. FUCON wurde als Verbundprojekt konzipiert, um durch eine Kooperation von sich gegenseitig ergänzenden Partnern[2] den notwendigen Innovationsprozess branchenübergreifend voranzutreiben und damit die zukünftige Marktposition der beteiligten Unternehmen nachhaltig zu stärken.

Wie lassen sich die Potenziale innovativer Informations- und Kommunikationstechnologien effizient einsetzen? Wie muss das Bauen organisiert sein, um die komplexeren Aufgaben zu erfüllen? Welche Möglich-

keiten haben die Partner, dieses Geschehen zu beeinflussen und wie sind sie für die Zukunft am besten aufgestellt? Wie sieht die Architektur von morgen aus? Wie werden zukünftig Städte geplant, Häuser gebaut, der Bestand saniert und eventuell auch wieder rückgebaut? Diese elementaren Fragen treffen in der Bauwirtschaft auf eine von starren Strukturen geprägte Branche, deren interne Prozesse Gesetze und Verordnungen regeln. Zudem fördert diese Regulierung die Zersplitterung der Prozesse und ist dafür verantwortlich, dass die am Bau Beteiligten nicht immer das Endprodukt, sondern nur ihren eigenen Auftragsbereich im Blick haben. Das verhindert zuweilen Innovationen, auch dann, wenn bestimmte Technologien wie zum Beispiel die digitale Fertigung oder das integrierte Datenmodell in anderen Branchen längst Realität sind und von der Baubranche übernommen werden könnten.
Die wachsenden Forderungen nach mehr Nachhaltigkeit bieten der Bauwirtschaft enorme Chancen, gleichzeitig erhält die Branche neue Impulse durch die Einführung innovativer Methoden und Technologien in der Planung und Bauerstellung. All das führt in zunehmendem Maß zu Veränderungen in allen Bereichen der Wertschöpfungskette Bau und zieht einen Wandel bei Prozessen und Gebäuden – vom ersten Entwurf bis zum Rückbau – nach sich. Frontloading, Lean Management, Integrierte Planung mit 5-D-Gebäudedatenmodellen, Public Private Partnership (PPP), RFID am Bau sowie »grünes« Bauen mit Nachhaltigkeitszertifikaten sind nur eine kleine Auswahl der zukunftsrelevanten Themen, die in den letzten Jahren Einzug in die Bauwirtschaft, Bauforschung und Politik gehalten haben.

## Die Erstellung der Szenarien

Die FUCON-Szenarien beschreiben alternativ denkbare Entwicklungen des Bausektors bis zum Jahr 2020 im deutschsprachigen Raum. Hierzu wurden wesentliche prozessuale, technologische, strukturelle, organisatorische, politische, globalwirtschaftliche und gesellschaftliche Einflüsse auf die Bauwirtschaft erfasst. Darauf basierend definiert die Szenariofeld-Analyse den inhaltlichen Fokus der Szenarien und trifft eine Auswahl der wesentlichen Themenbereiche, die im weiteren Szenarioprozess eine zentrale Rolle spielen. Damit konnten die maßgeblichen Einflussfaktoren bestimmt werden, die das Bauen in der Zukunft prägen. Diese Schlüsselfaktoren bilden die Bandbreite relevanter Themen für das Bauen der Zukunft ab. Die verschiedenen Szenarien entstehen aus der Vernetzung der möglichen Zukunftsentwicklung dieser Faktoren durch logische Zusammenhänge.
Im Rahmen der Szenarioentwicklung wurde 2008 die »Szenariostudie FUCON – Wunschbild und Erwartung für das Bauen im Jahr 2020« durchgeführt, die die Aussagen von insgesamt 410 Experten aus dem Bauumfeld im deutschsprachigen Raum auswertete. Diese Aussagen

*Fragen zur Energie und zum Umgang mit Ressourcen vgl. Parametrische Entwurfssysteme » S. 54, Nachhaltige Stadtentwicklung » S. 72, 77, Gebäude als Systeme begreifen » S. 82–93, Common Sense statt Hightech » S. 94, Zusammenarbeit von Industrie und Forschung » S. 130, Die Forschungsinitiative »Zukunft Bau« » S. 136, 139ff.*

Schlüsselfaktoren

- *Automatisierungsgrad der Bauerstellung*
- *Simulation, virtuelle Realität*
- *IT-Unterstützung des Bauprozesses*
- *Planungs- und Konstruktionsprozess*
- *Bauausführung und -logistik*
- *Lebenszyklusmanagement*
- *Baustoffe, Nutzung, Normen*
- *Gebäudetechnik und -automation*
- *Energiemanagement, Baubiologie*
- *Nutzungsmöglichkeiten und -konzepte von Immobilien*
- *Standardisierungsgrad, Modularität von Bauobjekten*
- *Richtlinien, Regelwerke*
- *Kooperationen in der Bauindustrie*
- *Umweltgesetzgebung, Europäisierung*
- *Architektur, Design*
- *Kosten, Verfügbarkeit von Ressourcen*
- *Gesundheits- und Umweltorientierung*
- *Qualitätsanforderungen, Bauqualität*
- *Attraktivität der Immobilie als Kapitalanlage*
- *Technikakzeptanz, Innovationsgeschwindigkeit*

*Zu Parametern, Methoden und Anwendungsbeispielen der Trendforschung vgl. Nachhaltige Stadtentwicklung » S. 77, Trendprognosen » S. 108, Zusammenarbeit von Industrie und Forschung » S. 130* dienten dazu, den gesamten Szenarioprozess auf Plausibilitäten zu untersuchen und mit Erfahrungen aus der Praxis abzugleichen. Als Ergebnis entstanden zunächst sieben konsistente Einzelszenarien mit logischen technischen und prozessorientierten Abläufen. Im Weiteren wurden diese dann zu drei Globalszenarien verdichtet: Craftsmanship 2020 – das Szenario geht von handwerklich orientierten Bauprozessen bei Sanierungen und Modernisierungen aus und setzt auf deren positive Eigenschaften; Industrialized Construction 2020 – das Szenario nutzt Synergien aus anderen industrialisierten Branchen und wird in den kommenden Jahren für eine Effizienzsteigerung im Bauwesen sorgen; Parametric Age 2020 – das Szenario mit den größten Potenzialen verbindet große Flexibilität in der Planung und im Bau mit hoher Effizienz, was aber einen langfristigen Umbau der Branche voraussetzt. Entscheidend ist generell, dass diese Szenarien wohl parallel ablaufen und verschiedene Marktbereiche abdecken werden, die sich langfristig auch verschieben können.

## Craftsmanship 2020

**Vernetztes Handwerk als individuelle Serviceleistung aus einer Hand** Deutschland hat derzeit einen Bestand von ca. 18,8 Millionen Gebäuden (darunter ca. 17,7 Millionen Wohngebäude). Davon werden momentan jährlich nur ca. 0,8 Prozent energetisch saniert, die angestrebte Sanierungsrate der Bundesregierung liegt bei mindestens 3 Prozent pro Jahr, was einem Sanierungsbedarf von über 500 000 Gebäuden entspricht. Im Gegensatz zum Neubau sind Sanierungen komplex, da zum einen die vorhandenen Informationen zum Objekt oft lückenhaft sind, zum anderen lassen sich natürliche Alterungsschäden nicht immer sofort erkennen. Zudem gilt es, innovative Technologien wie zum Beispiel Belüftungssysteme mit Wärmerückgewinnung oder luftdichte Fenster mit der ursprünglichen Bauphysik kompatibel zu machen. Die neuen energiesparenden Technologien machen das »richtige« Planen von Gebäuden immer vielschichtiger, die Anzahl der Teilnehmer am Planungs- und Bauprozess steigt. Dadurch wird für viele Bauherren ein Sanierungsprojekt undurchschaubar und unkalkulierbar. Die Trennung der Gewerke und damit auch der Verantwortlichkeit tut ihr Übriges dazu. Es verwundert daher nicht, dass die Sanierungsrate auf einem sehr niedrigen Niveau verharrt, obgleich eine energetische Sanierung sich in vielen Fällen nicht nur ökonomisch rechnet, sondern auch ökologisch und politisch höchst erstrebenswert ist.

Neue, automatisierte Fertigungstechnologien stehen bereits auch dem mittelständisch geprägten Handwerk zur Verfügung. Der durchgängige Einsatz von Planungsdaten kann die Prozesse deutlich verschlanken. Leider hemmen aber starre Strukturen und eine häufig zu traditionelle Ausrichtung der Betriebe den notwendigen Produktivitätsschub. Die tra-

*Weitere Aspekte der Vernetzung von Planungs-, Bau- und Fertigungsprozessen vgl. Die Operationalität von Daten und Material* » *S. 9, Industrialisierung versus Individualisierung* » *S. 21, 25, Material, Information, Technologie* » *S. 31, Parametrische Entwurfssysteme* » *S. 43*

ditionellen Schnittstellen der Gewerke werden den notwendigen neuen Technologien am Bau oft nicht mehr gerecht, und Gewährleistungsgründe unterbinden ihren effizienten Einsatz. Diese Brüche im Bauprozess verhindern eine Sicht des einzelnen Gewerks auf das Gesamtprojekt, die eigene Arbeit steht im Vordergrund. Das ist für den Bauherren nicht nachvollziehbar, erfährt er doch in anderen Bereichen eine Orientierung am Gesamtprodukt. Allerdings entstehen bereits neue serviceorientierte Verbünde und Netzwerke, die eine Sanierung als abgestimmtes Gesamtprodukt anbieten. Die zuliefernde Industrie bietet sich dafür als Partner an und ist dann ihrerseits in der Lage, schneller innovative Produkte zu entwickeln. Die bessere Vernetzung und Abstimmung aller Beteiligten macht den gesamten Bauablauf künftig deutlich effizienter. Ansätze zu diesem Lean Management kommen aus der Automobilindustrie, wo durch das Wertstrom-Engineering alle Abläufe optimiert werden. Dennoch bleiben bei der Sanierung die Erfahrung und das handwerkliche Geschick der Bauausführenden immer die Grundlage für ein erfolgreiches Projekt. Gelingt die Transformation des Bauhandwerks, lassen sich alte Traditionen und Wissen hervorragend mit den neuen Anforderungen verknüpfen.

*Zum Potenzial von Umnutzungen und Sanierungen vgl. Zurück zum Sozialen » S. 61f., Nachhaltige Stadtentwicklung » S. 73, Gebäude als Systeme begreifen » S. 84, Common Sense statt Hightech » S. 99, Die Forschungsinitiative »Zukunft Bau« » S. 137*

## Industrialized Construction 2020

**Kosteneffizienz und Produktvielfalt durch Modularisierung und Serienfertigung**   Während vor allem bei individuellen Sanierungen handwerkliche Fähigkeiten erforderlich sind, lässt sich der enorme Bedarf an neuem Wohnraum weltweit nur dann nachhaltig decken, wenn neben einer hohen Fertigungsqualität auch effiziente Prozesse gewährleistet sind. Da auch in Zukunft die Differenzierung durch Gestaltung eine immer größere Rolle spielt, müssen die neuen Fertigungsverfahren zugleich eine hohe Individualität der Gebäude ermöglichen. Ansätze hierzu lassen sich in den unterschiedlichsten Branchen beobachten. So sank in den vergangenen Jahrzehnten zum Beispiel in der Automobilindustrie die Anzahl der Entwicklungszyklen permanent, ohne dass dadurch die Produkte an Qualität und Gestaltung verloren. Möglich wird das durch eine konsequente Industrialisierung der Prozesse. Die industrielle Fertigung kommt in der Baubranche schon seit geraumer Zeit zum Einsatz, hohe Stückzahlen eines Produkts reduzieren die Fertigungskosten deutlich. Schon zu Beginn der klassischen Moderne weckte das Versprechen einer weitgehend industriellen Fertigung hohe Erwartungen, wurde jedoch nur in Teilen eingelöst und dann mit einem sehr negativen Image, wie das Beispiel der Plattenbauten zeigt.

Die Verbreitung von Fertighäusern, oft in Holzständerbauweise gefertigt, verdeutlicht, dass es auch anders gehen kann. Das Szenario »Industrialized Construction 2020« schreibt die eingeschlagene Entwicklung der industriellen Fertigung fort und weitet sie sowohl auf Gewerbegebäude

*Zur Reichweite der Individualisierungs-
tendenzen vgl. Die Operationalität von
Daten und Material* » S. 15, *Industriali-
sierung versus Individualisierung*
» S. 24, *Parametrische Entwurfssysteme*
» S. 43, 52

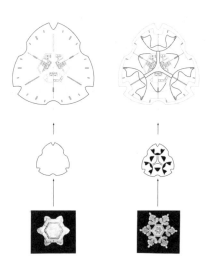

als auch auf bestimmten Bereichen der Sanierung aus. Um ihre Potenziale weiter auszubauen, setzen künftige Entwicklungen stärker auf Modularisierung und Plattformsysteme. Effizient einsetzen lassen sich diese Systeme allerdings erst, wenn sie von Anfang an in der Planung berücksichtigt werden. Aktuelle Planungssoftware erzeugt mit dem Building Information Modeling (BIM) ein einheitliches und durchgängiges Gebäudedatenmodell, das alle relevanten Gebäude- und Produktinformationen integriert. Ohne weitere Systembrüche lassen sich in der Folge auch die Produktionsmaschinen direkt ansteuern. Dadurch kann die sogenannte Nullserie bei der industriellen Fertigung von Gebäuden einen hohen Grad an Individualisierung erreichen und zugleich von den Vorteilen der Serienfertigung wie Ressourcen- und Kosteneffizienz und hohe Fertigungsqualität profitieren. Diese Faktoren spielen auch bei der Erstellung nachhaltiger Gebäude eine sehr große Rolle. Um sie zu optimieren, findet mit dem »Frontloading«, also einer produktspezifischen Planung sehr früh im Prozess, eine Abkehr von den bisherigen Ausschreibungsmodellen statt. Der Planer verständigt sich frühzeitig mit der Bauindustrie und ruft deren Expertenwissen schon in der Planungsphase ab. Dadurch wird auch eine marktgerechte Preisgestaltung möglich. Um diese Vorgänge innerhalb des Entstehungsprozesses insgesamt zu optimieren, werden sich Unternehmen verstärkt von Produktanbietern zu Systemlieferanten wandeln.

## Parametric Age 2020

**Individualisiertes Bauen für höchste Kunden- und Umweltanforderungen durch diverse Prozesse** Das Szenario des parametrischen Bauens kombiniert die Individualität des handwerklich orientierten Szenarios mit der hohen Effizienz und Qualität des industriellen Szenarios. Basierend auf den Möglichkeiten eines durchgängigen digitalen Fertigungsprozesses können in Zukunft sehr komplexe Gebäudesysteme mit hohen Individualität und Standortqualität entstehen. Im Unterschied zur herkömmlichen Planung, in der rein geometrisch gedacht wird, ermöglicht das parametrische Planen, verschiedene Parameter zu nutzen und mathematisch zu verbinden. Das Grundmodell bleibt dabei hochgradig flexibel und verändert sich automatisch, wenn ein Parameter geändert wird.

Was zunächst sehr künstlich und theoretisch anmutet, stellt in Wirklichkeit die Grundlage der Natur dar: Der Bauplan eines Menschen zum Beispiel ist in seinen Genen festgelegt. Diese beschreiben aber kein fertiges 3-D-Modell eines Menschen, sondern die Abhängigkeit verschiedener Zellen zueinander. Als Ergebnis sind wir höchst individuell, haben dennoch alle die Nase mitten im Gesicht und die Ohren an den Seiten. Das Interessante an diesem biologischen System ist die Anpassbarkeit an Umweltbedingungen über verschiedene Generationen hinweg. In der digitalen Welt lassen sich diese Planungsgenerationen simulieren. Das bedeutet, dass parametrisch geplante Gebäudesysteme durch verschiedene Iterationsstufen hindurch optimiert werden können, bevor ein bestimmter Zustand dann »eingefroren« zur Realisierung kommt. Entscheidend wird künftig die Auswahl der Parameter und deren Priorisierung sein. So experimentieren viele Architekten derzeit mit der reinen Formgebung. Hierbei werden innerhalb einer geometrischen Grundstruktur verschiedene Variablen festgelegt, bei der Replikation verändern sich die Formen dann analog der Varianz. Im nächsten Schritt bekommen diese Geometrien dann physikalische Eigenschaften zugesprochen und werden damit für den Einzelfall optimiert.

Den wesentlichen nächsten Schritt stellt die Verknüpfung der Form mit Material- und Produktionseigenschaften dar. Damit kann der Planer sehr effiziente und individuelle Gebäude erschaffen. Je komplexer die einzelnen Bauteile werden, desto notwendiger ist der Einsatz parametrischer Planungssysteme. Zudem entstehen derzeit in den Laboren der Wissenschaft und Industrie gänzlich neue Materialien. Innovative Verbundwerkstoffe ermöglichen durch hohe Gewichtseinsparung bei gleichzeitiger Stabilität enorm hohe Gebäude. Nicht ohne Grund entstand die Aufstockung des »Clock Tower« in Mekka – mit über 650 Metern das aktuell zweithöchste Gebäude der Welt – als Stahlkonstruktion mit einer Hülle aus Kohlefaser. Materialien mit nanooptimierten Oberflächen reinigen die Luft von Schadstoffen und brechen gesundheitsschädigende Molekülketten auf. Witterungsbeständige Oberflächen, selbstreparierende Systeme, aktive Materialien, die sich selbstständig an verschiedene klimatische Bedingungen anpassen, gehören ebenso zu den technologischen Innovationen wie hocheffiziente Dämmstoffe und rückbaufähige Bauteile ( Cradle to Cradle ). Die Natur als Vorbild setzt nicht ausschließlich auf Effizienz, sondern ist eher an der effektiven Vermehrung eines Systems interessiert. Entsprechend werden die parametrischen Planungssysteme nicht eine vollautomatisierte Planung erzeugen, sondern sie erhöhen den bewussten Spielraum des Planenden. Diese Architektur kann konsequenterweise stärker bionisch ausgerichtet sein, als dies heute technisch möglich ist. Ob dies dazu führt, dass Gebäude sich stärker an die Natur anlehnen, bleibt letztlich dem Architekten überlassen. Schon heute haben wir das Wissen, Städte und Gebäude nachhaltig zu bauen und umzubauen, zudem verfügen wir in Deutschland über eine innovative und produktive Industrie, die durch eine starke Innovationskultur eine globale Führungsrolle beansprucht. Es sind also nicht fehlende Technologien, die die notwendige Revolution des Bauens verhindern, sondern die tradierten Strukturen der Baubranche. Doch die Veränderungen sind nicht mehr aufzuhalten. Schon heute kommen immer mehr Studenten von den Universitäten auf den Arbeitsmarkt, die mit den parametrischen Prozessen vertraut sind und von der Bauindustrie erwarten, dass sie die damit entstehende Architektur auch umsetzen kann.

*Die Produktionsweise »Von der Wiege zur Wiege« (Cradle to Cradle) steht im direkten Gegensatz zu dem Modell »Von der Wiege zur Bahre« (Cradle to Grave), in dem Materialströme häufig ohne Rücksicht auf Ressourcenerhaltung ablaufen. Anstatt die linearen Stoffströme heutiger Produkte und Produktionsweisen zu verringern, sieht das Cradle-to-Cradle-Konzept deren Umgestaltung in zyklische Nährstoffkreisläufe vor, sodass einmal geschöpfte Werte für Mensch und Umwelt erhalten bleiben.*

nach: http://epea-hamburg.org/index.php?id=69&L=4 (abgerufen am 18.11.2011)

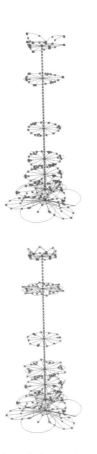

**129|1** Durch die **Veränderung einzelner Parameter** wandelt sich die gesamte Gebäudeform. Studie zum Snowflake Tower, LAVA

# Motivation und Strategien zur Zusammenarbeit von Industrie und Forschung

Text    Marcel Bilow

Die Bauindustrie und besonders die Hersteller von Bauprodukten befinden sich in einem harten Wettbewerb mit ihren Konkurrenten. Der Markt fordert Produkte mit einem guten Preis-Leistungs-Verhältnis, die schnellen Baufortschritt und dauerhafte Qualität bieten sowie, wenn sichtbar eingesetzt, über ein ansprechendes Design verfügen. Bei der Pflege der Produktpalette helfen Kenntnisse zu aktuellen Trends und Anforderungen. Doch welchen Trends unterliegen die Architektur und das Bauwesen derzeit? Was sind die treibenden Kräfte? Was müssen neue Produkte leisten?

Als Hauptrichtungen lassen sich sicherlich die Einsparung von Energie, Nachhaltigkeit in einer breiten Auslegung und gestalterische Anforderungen nennen. Unteraspekte davon sind Transparenz, Adaptivität, Freiformgeometrien, Recycling sowie Oberflächen und neue Materialien. Beeinflusst werden diese Trends von den Architekten, die als Gestalter über die Auswahl von Produkten mitentscheiden, sowie von der Gesetzgebung, die übergeordnete gesellschaftliche Ziele vorantreibt. Mussten Gebäude bisher nur Energie einsparen, so sollen sie in Zukunft mehr Energie erzeugen, als sie verbrauchen – deutliche Entwicklungen in diese Richtung sind besonders im Bereich der Gebäudehülle erkennbar.

Im Zusammenhang mit der Energieeinsparung steht auch die Reduzierung der $CO_2$-Emissionen sowie der grauen Energie, die ebenfalls treibende Kräfte für die weitere Entwicklung darstellen. Verbraucht ein

*Zu Parametern, Methoden und Anwendungsbeispielen der Trendforschung vgl. Nachhaltige Stadtentwicklung* » S. 77, *Trendprognosen* » S. 108, *Bauprozesse von morgen* » S. 125

*Fragen zur Energie und zum Umgang mit Ressourcen vgl. Parametrische Entwurfssysteme* » S. 54, *Nachhaltige Stadtentwicklung,* » S. 72, 77, *Gebäude als Systeme begreifen* » S. 82–93, *Common Sense statt Hightech* » S. 94, *Bauprozesse von morgen* » S. 125, *Die Forschungsinitiative »Zukunft Bau«* » S. 136, 139ff.

Gebäude in Zukunft keine Energie mehr, dann gewinnt der Anteil der grauen Energie, die zur Herstellung von Bauprodukten benötigt wird beziehungsweise in ihren Materialen gebunden ist, eine umso größere Bedeutung. Ein Schlagwort dazu heißt »Design for Disassembly«.

Diese Anforderungen stellen die gesamte Bauindustrie auf den Prüfstand, motivieren sie jedoch auch, über neue Produkte nachzudenken. Beginnend beim Entwurf und der Planung bis hin zur Ausführung und dem späteren Betrieb von Gebäuden findet ein Umdenken statt. Die Hersteller müssen diese Ansprüche erfüllen und sind dadurch gezwungen, ihre Systeme und Produkte zu optimieren oder neu zu entwickeln, um dem steigenden Wettbewerb gewachsen zu sein.

Die Fassadenforschungsgruppe der TU Delft beschäftigt sich in diesem Kontext mit zwei Teildisziplinen der Forschung: erstens mit der akademisch-wissenschaftlichen Forschung, deren Ziel es ist, Wissen zu erweitern sowie wissenschaftliche und gesellschaftliche Entwicklung voranzutreiben, und zweitens mit der praktisch angewandten Forschung, die das Bindeglied zur Industrie und den Herstellern bildet.

Im Bereich der wissenschaftlichen Forschung entwickelt die Gruppe Marktanalysen, Softwaretools und Planungsstrategien. Durch das Erstellen von Produktions- und Funktionsübersichten sowie die Recherche zu Entwicklungsschritten einzelner Themenaspekte können Trends und zukünftige Anforderungen herausgearbeitet werden.

Die praktisch angewandte Forschung profitiert von dieser wissenschaftlichen Forschung. Sie arbeitet eng mit der Industrie zusammen, um neue Produkte zu entwickeln, bestehende Technologien anzupassen oder neue Materialien hinsichtlich ihrer Eignung zu testen.

Betrachtet man diese Prozesse detaillierter aus Sicht der Hersteller, lassen sie sich in unterschiedliche Arbeitsweisen und Motivationen unterteilen, die verschiedene Ziele verfolgen:

- Optimierung
- Anpassung
- Erweiterung des Anwendungsbereichs
- Erweiterung der Produktpalette

*Beim* Design for Disassembly *erfolgt die Bewertung von Produkten anhand ihrer Recyclingfähigkeit, Wiederverwertbarkeit und nicht zuletzt auch ihrer Art der Produktion sowie der Montage im Bau. So muss beispielsweise ein Produkt, das zu einem hohen Anteil aus recyclingfähigen Materialien besteht, auch bei der Montage so eingesetzt werden, dass es sich am Ende seiner Lebenszeit einfach wieder demontieren und in den Stofffluss zurückführen lässt.*

## Optimierung

Eine Herangehensweise zur Weiterentwicklung ist die schrittweise Optimierung bestehender Produkte. Das Beispiel Fensterglas verdeutlicht, wie ein Produkt nach und nach entwickelt und verbessert wird. Beginnend mit der Einfachverglasung aus Floatglas entwickelte sich aufgrund der wachsenden Wärmeschutzanforderungen das Isolierglas. In einem weiteren Schritt wurde Edelgas in den Scheibenzwischenraum gefüllt, der Randverbund wurde komplexer und stellte eine lang anhaltende Dichtigkeit der Isolierverglasung sicher. Forschungen im Bereich der

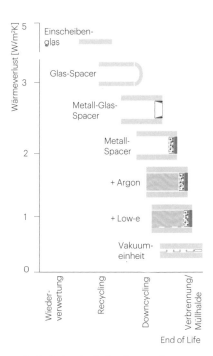

**132|1 Evolution des Isolierglases** im Zusammenhang mit seinem Recyclingpotenzial

Rapid Manufacturing (RM) *Sammelbegriff für generative Verfahren, die Vorstufen von Endprodukten erzeugen. Ziel ist es, auf der Basis von CAD-Daten schnell und ohne manuelle Umwege ein physisches 3-D-Werkstück herzustellen. Dazu werden komplexe Geometrien auf eine große Anzahl von übereinanderliegenden 2-D-Fertigungsschritten reduziert. Mit den schichtweise aufbauenden Verfahren lassen sich Bauteile oder Kleinserien erzeugen.*

nach: Hauschild, Moritz; Karzel, Rüdiger: Digitale Prozesse. München 2010, S. 105

Dichtstoffe ermöglichten es schließlich, diese Qualitätsanforderungen über den Zeitraum der Nutzungsdauer von ca. 20 Jahren aufrechtzuerhalten. Das Hinzufügen selektiver Schichten wie Hard- oder Softcoatings auf den Oberflächen der Gläser steigert die Isolierfähigkeit weiter oder ergänzt spezielle Eigenschaften wie zum Beispiel eine Sonnenschutzfunktion. Die Weiterentwicklung zur Dreifach-Isolierverglasung erscheint als logische Konsequenz, erzeugt jedoch auch konstruktive Probleme durch das erhöhte Gewicht. Bei großen Glasformaten sind daher konventionelle Fassaden- und Fenstersysteme nur noch schwer einsetzbar. Hier sind nun die Fassaden- und Fensterhersteller gefordert, die existierenden Technologien entsprechend anzupassen.

Die Entwicklung des Isolierglases basiert auf der Notwendigkeit verbesserter Wärmedämmqualitäten. Bei der Betrachtung der Recyclingfähigkeit dieser Elemente wird jedoch eine große Diskrepanz deutlich (132|1). Einfaches Floatglas lässt sich recyceln, also durch Einschmelzen wieder zur Herstellung von Produkten gleicher Qualität verwenden. Moderne Gläser können nur noch downgecycelt, das heißt zu Produkten minderer Qualität weiterverarbeitet werden. Bedingt durch die Vielzahl an Beschichtungen auf den Gläsern ist eine sortenreine Trennung und Identifizierung nicht mehr möglich, sie werden zu Containerglas und damit zu Trinkflaschen und weiteren Nutzgläsern verarbeitet. Das Recycling und die Wiederverwertbarkeit von Fensterglas ist sicherlich eine Motivation, die Erforschung von Isolierglaseinheiten, die sich wieder in ihre Rohbestandteile trennen lassen, voranzutreiben. In Forschungsansätzen sind bereits erste Konzepte in der Diskussion, die eine einfache Trennung der Elemente ermöglichen sollen.

## Anpassung

Neben den Zwängen, denen die Industrie durch gesteigerte Anforderungen aus Richtung der Gesetzgebung unterliegt und die eine stetige Anpassung ihrer Produktpaletten und Systeme notwendig machen, können als weiterer Anstoß für Entwicklungen auch gestalterische Ansprüche von Architekten gesehen werden. Die Industrie reagiert durch die Adaption bestehender Systeme auf die aktuellen Trends und architektonische Wünsche. Dabei ändert sich das konstruktive Prinzip kaum, die äußere Erscheinung erfährt jedoch eine Anpassung an die neuen Bedingungen.

## Erweiterung des Anwendungsbereichs

Auch der Wunsch von Architekten, bestehende Systeme in ihren Abmessungen zu maximieren, kann die Hersteller zu neuen Entwicklungen motivieren. Der Studentenpavillon »Black Box« der TU Delft ist ein gutes Beispiel für diese Herangehensweisen (133|1). Im Entwurf für den kubischen Pavillon – ein kleines Café mit begrünter Fassade auf dem Campus – war als zentrales Eingangselement eine übergroße Tür vorgesehen. Die Recherche zu verfügbaren Glas-Faltwänden beim Marktführer machte schnell deutlich, dass die lieferbaren Systeme eine zugelassene und geprüfte maximale Höhe von 2,30 Metern nicht übersteigen. Die Firma zeigte sich allerdings interessiert und entwickelte in Kooperation mit der Universität auf der Grundlage bestehender Systeme und einiger notwendiger Modifikationen eine Glas-Faltwand mit 4,50 Metern Höhe. Alle erforderlichen Berechnungen und Tests führte der Hersteller im eigenen Werk durch und nutzt sie heute auch, um Sonderausführungen für seine Kunden fertigen zu können. Dem Trend »big is better« folgen viele Firmen und stellen auf Wunsch beispielsweise Isoliergläser mit 10 Metern Höhe oder Breite her. Bei diesem Ansatz geht es weniger um klassische Forschung mit dem Ziel, neue Produkte zu entwickeln, als vielmehr um die Ausweitung bestehender Grenzen von bekannten Systemen und Konstruktionen. Dies erfordert eine integrale Planung aller betreffenden Fachdisziplinen.

133|1 **Glas-Faltwand** des Studentenpavillons »Black Box« im eingebauten Zustand, TU Delft, 2007

## Erweiterung der Produktpalette

Beabsichtigt ein Unternehmen die Entwicklung eines vollkommen neuen Produkts, um die bestehende Palette zu erweitern, benötigt es neben der Konzeption dafür auch Kenntnisse über bereits existierende Konkurrenzprodukte im angestrebten Bereich. Hier hat sich die Forschungsgruppe der TU Delft als geeigneter Partner für die Industrie herausgestellt. Das breite, aber auch detaillierte Wissen, das über die Jahre in der Lehre und Forschung auf Spezialgebieten wie Fassadenkonstruktionen, Glasbau, Klimadesign und ganzheitliche Energiebetrachtungen gesammelt wurde, kann besonders bei der Einschätzung des Markts und der bisher angebotenen Produkte und Technologien von Nutzen sein. Im Rahmen mehrerer strategisch angelegter Forschungsprojekte mit verschiedenen Industriepartnern erarbeitete das Forschungsteam beispielsweise die Anwendung von Rapid-Manufactoring-Technologien für Fassadensystemhersteller, basierend auf der Frage, ob und in welchem Umfang die auch als 3-D-Drucken bezeichneten Technologien die Produktion von Fassadenbaukomponenten unterstützen können. Dabei lag der Fokus auch auf der Erstellung einer Übersicht der bisher verfügbaren Technologien, Möglichkeiten und verarbeitbaren Materialien. Mit diesem Überblick ließ sich das Projekt auf die Entwicklung spezialisierter Komponenten eingrenzen, die dann als Prototypen realisiert und geprüft wurden (133|2).

Als Beispiel für eine besonders fruchtbare Zusammenarbeit zwischen der Universität und einem Industriepartner soll die Entwicklung des Fassadenkonzepts für den Neubau des niederländischen Firmensitzes von

133|2 Detailaufnahme eines **Verbinders** aus lasergesintertem Edelstahl

Solarlux in Nijverdal vorgestellt werden. Der Hersteller von Glas-Falt-wänden und Schiebe-Dreh-Systemen wandte sich mit dem Wunsch, ein innovatives Gebäude mit Büros und Produktlager zu errichten, an die Fassadenforschungsgruppe. Die Ziele des Bauvorhabens waren der innovative Einsatz der eigenen Produkte in einem erweiterten Anwendungs-bereich sowie ein möglichst nachhaltiger Betrieb des Gebäudes. Dabei war es für die innovative Zusammenarbeit ein seltener und umso positiverer Umstand, dass der Partner Bauherr, Nutzer und Fassadenhersteller in einem war.

## Eine volladaptive Doppelfassade

Bereits vor der letzten Jahrhundertwende gab es Doppelfenster, auch Winterfenster genannt, die nur in der kalten Jahreszeit außen vor dem eigentlichen raumabschließenden Fenster befestigt wurden und so eine – für damalige Möglichkeiten – bessere Dämmung erreichten. Im Sommer sorgte ein einfaches Fenster für eine gewisse Dämmwirkung und verhinderte vor allem eine Überhitzung des Fassadenzwischenraums. Nachts konnte durch die geöffneten Fenster frische Luft ins Gebäude strömen und die Gebäudemasse für den nächsten Tag herunterkühlen. Für das Gebäude von Solarlux Niederlande wurde dieses Prinzip auf die gesamte Gebäudehülle erweitert. Eine primäre wärmegedämmte Holz-Glas-Faltwand bildet den Raumabschluss. Davor liegt im Abstand von 100 Zentimetern ein vollverglastes, ungedämmtes Schiebe-Dreh-System. Die doppelte Fassade bildet so einen Fassadenkorridor, der auf drei Seiten um das Gebäude läuft. Die dadurch entstehende Auskragung bildet bei hoch stehender Sonne gleichzeitig den Sonnenschutz. Lediglich die Gebäudeseiten, auf denen bei tief stehender Sonne mit hohen Wärmeeinträgen zu rechnen ist, verfügen über einen zusätzlichen verstellbaren Sonnenschutz. Beide Fassadenebenen lassen sich vollständig auffalten, sodass sich unterschiedlichste Qualitäten der Gebäudehülle in Abhängigkeit von der Witterung und der gewünschten Innenraumtemperatur erreichen lassen (134|1). Dabei funktioniert die Fassade logisch und selbsterklärend, jeder Nutzer kann sie ohne physikalisch-technisches Hintergrundwissen intuitiv bedienen. Im Vordergrund steht stets der Nutzerkomfort.

Die vollständig öffenbare zweite Fassadenebene ermöglicht es, solare Gewinne zu nutzen oder die thermische Überhitzung des Fassadenzwischenraums zu vermeiden (135|2). Fällt die Außentemperatur unter die Raumtemperatur, wird die äußere Ebene geschlossen, solare Strahlung heizt den Zwischenraum auf, und die innere Fassade kann bei Bedarf geöffnet werden. Steigt die Temperatur im Fassadenzwischenraum, lässt sich die äußere Fassade komplett öffnen, die innere Fassadenebene schützt das Gebäudeinnere vor Wind und gegen die höheren Außentemperaturen. In Übergangszeiten bietet die äußere Fassadenebene unter-

**134|1 Wandlungsfähigkeit der Fassade** von außen betrachtet, Solarlux Niederlande, Nijverdal (NL) 2011, Wolfgang Herich (Entwurf), Van der Linde Architecten (Ausführung)

schiedliche Möglichkeiten der Öffnung, sodass im Fassadenzwischenraum immer die optimale Temperatur herrschen kann. Im geschlossenen Zustand bildet die äußere Fassadenebene einen Korridor, in dem sich auf allen Gebäudeseiten der gleiche Luftdruck einstellt. Damit ist es möglich, die Fenster zu öffnen, ohne dass Zugerscheinungen auftreten (135|1).

Studien haben gezeigt, dass Menschen dann besonders unproduktiv arbeiten, wenn sie mit dem Raumklima nicht zufrieden sind und das untätig hinnehmen müssen. Die doppelte Faltfassade soll den Nutzer dazu motivieren, mit seinem Haus zu interagieren und sich sein Arbeitsumfeld aktiv anzueignen. Das fördert nicht nur die Kommunikation mit den Kollegen, sondern auch die Identifikation mit dem Gebäude und den Produkten der Firma und schlägt sich ebenfalls in der Produktivität nieder.

Ein großes Interesse des Bauherrn lag vor allem auf den Aspekten des Nutzerkomforts und der Leistungsfähigkeit des Fassadenkonzepts im Betrieb. In Kooperation mit der Fassadenforschungsgruppe und der Transsolar Energietechnik GmbH läuft ein Langzeitmonitoring, das zum einen die Leistungsdaten des Gebäudes im Betrieb erfasst und zum anderen die Optimierung der haustechnischen Anlagen ermöglicht, um den Primärenergiebedarf des Gebäudes weiter zu senken. Zusätzlich werden die Nutzer über die gesamte Messperiode mittels Fragebögen in die Evaluation einbezogen. Erste Problemstellungen, die aus der Nutzerkritik hervorgingen, wurden bereits im Gebäude gelöst. Beispielsweise verhindern nun Screens auf der Innenseite der Fassade Blendungen an den Bildschirmarbeitsplätzen. Im Winter sind Beschwerden über zu trockene Raumluft aufgetreten – das Gebäude wird ausschließlich natürlich belüftet –, Abhilfe sollen Pflanztröge und reduziertes Lüften schaffen.

Während die Planung und Konzeption des Gebäudes als klassische Architekturaufgaben gelten, sind die Evaluation und die Auswertung des Gebäudebetriebs Forschungsarbeiten. Diese helfen dem Unternehmen dabei, das als Selbstversuch angelegte Gebäude und seine Funktionsweise besser kennenzulernen, den Betrieb zu optimieren, vor allem aber neue Anforderungen an die eingesetzten Produkte zu ermitteln und diese für weitere Projekte anzupassen oder weiterzuentwickeln.

Zusammenfassend lässt sich aus der Sicht der beiden beteiligten Partner – die Universität auf der einen und die Industrie auf der anderen Seite – ein zukunftsgerichtetes Spannungsfeld erkennen, das sowohl die akademisch-wissenschaftliche als auch die praktisch angewandte Forschung vorantreibt und Wissen erzeugt, das für beide Seiten neuen Input hervorbringt. Die jeweiligen Herangehensweisen, so unterschiedlich sie im Detail auch sind, eröffnen neue Horizonte und führen zu einem Mehrwert für alle Beteiligten.

135|1 Blick in den **Fassadenzwischenraum**

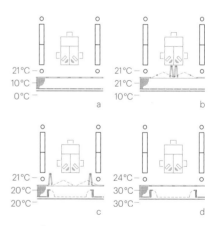

135|2 **Öffnungsvarianten der Fassade**

a kalter Wintertag: beide Fassadenebenen voll geschlossen, Sonnenschutz heruntergefahren; Wärme bleibt im Gebäude, stoßweise Lüftung

b Frühling/Herbst: äußere Fassade bleibt bei entsprechender Sonneneinstrahlung als Witterungsschutz geschlossen, innere Hülle wird vollkommen aufgefaltet; wintergartenähnliche Arbeitsatmosphäre

c windstiller Tag mit angenehmen Außentemperaturen: beide Fassadenebenen geöffnet

d Hochsommertag: äußere Hülle komplett geöffnet, innere Fenster werden nur zum Stoßlüften geöffnet; Kühle bleibt im Haus

# Die Forschungsinitiative »Zukunft Bau« – Chancen und Ziele

**Text**   Hans-Dieter Hegner

*Fragen zur Energie und zum Umgang mit Ressourcen vgl.* » *S. 139ff. sowie Parametrische Entwurfssysteme* » *S. 54, Nachhaltige Stadtentwicklung* » *S. 72, 77, Gebäude als Systeme begreifen* » *S. 82–93, Common Sense statt High-tech* » *S. 94, Bauprozesse von morgen* » *S. 125, Zusammenarbeit von Industrie und Forschung* » *S. 130*

**Das Bauwesen ist nicht nur der Schlüssel zu besserer Infrastruktur, schönerem Wohnen und effektiverem Arbeiten, der Gebäudesektor bietet auch eines der größten Entwicklungspotenziale für nachhaltiges Wirtschaften und Klimaschutz.** Immerhin ist der Gebäudebestand mit etwas mehr als einem Drittel der größte Energieverbraucher der Volkswirtschaft und damit auch einer der Sektoren, die für den höchsten $CO_2$-Ausstoß verantwortlich sind. Etwa 46 Prozent der von Privathaushalten verursachten $CO_2$-Emissionen sind auf Heizung und Warmwasserbereitung zurückzuführen.

Der Energiebedarf in Deutschland wird heute überwiegend durch fossile Energieträger gedeckt. Nicht künstliche Verknappung wie bei den Ölkrisen in den 1970er-Jahren, sondern ein stetiges Wachstum der Nachfrage macht Energie heute so teuer wie noch nie. Aufgrund der globalen wirtschaftlichen Entwicklung haben sich die Rohölpreise auf dem Weltmarkt in den letzten Jahren überproportional erhöht. Ein besonderer Schwerpunkt der Politik der Europäischen Union und der Bundesregierung liegt deshalb ohne Zweifel auf der Reaktion auf den Klimawandel und der damit verbundenen Verbesserung der Energieeffizienz. Die Ziele, die sich der EU-Rat vorgegeben hat, sind ehrgeizig: So sollen die $CO_2$-Emissionen bis 2020 gegenüber 1990 um 20 Prozent gesenkt und der

Anteil erneuerbarer Energien am gesamten Primärenergieverbrauch bis 2020 auf 20 Prozent erhöht werden. Auch der für 2020 prognostizierte Energieverbrauch soll um 20 Prozent verringert werden.

Neben den dramatisch steigenden Energiekosten[1] sind insbesondere in den letzten Jahren auch enorme Preiserhöhungen für wichtige Baumaterialien zu beobachten. Allein von Februar 2005 bis Februar 2008 ist der Stahlpreis um mehr als 50 Prozent gestiegen, die Preise für Betonformstahl und Kupfer haben sich seit 2000 verdoppelt. Die Bauindustrie, die etwa 50 Prozent aller Materialressourcen verbraucht und für ca. 60 Prozent aller Abfälle verantwortlich ist, stellt mit ihren gewaltigen Stoffströmen eine wichtige Position im Rahmen der nachhaltigen Entwicklung der Volkswirtschaft dar. Im Sinn der Ressourcenschonung sind der sparsame und zweckmäßige Einsatz von Material und die Forcierung einer Recyclingwirtschaft ein wichtiges Anliegen baupolitischer Ziele.

Zusätzlich zu den eher globalen Fragen muss Deutschland auch lokale Problemstellung bewältigen. So ist der demografische Wandel mit einer stark alternden Bevölkerung zu einem viel diskutierten Thema geworden. Einerseits wird bis zum Jahr 2050 ein Bevölkerungsrückgang von heute 82 Millionen auf ca. 70 Millionen Einwohner prognostiziert, andererseits verläuft die Bevölkerungsentwicklung in Deutschland ungleichmäßig. Neben Regionen mit einer stark zunehmenden Bevölkerung gibt es Regionen, die sich kontinuierlich entleeren. So musste zum Beispiel die Stadt Eisenhüttenstadt zwischen 1990 und 2004 einen Rückgang der Einwohnerzahl um 32 Prozent hinnehmen. Diese Entwicklung ist verbunden mit einem Rückbau und einer städtebaulichen Neustrukturierung. Gleichzeitig ist die zunehmende Alterung kaum umkehrbar, die Zuwanderung aus dem Ausland schwächt sie nur leicht ab. Bis 2020 wird der Anteil der über 60-Jährigen von heute ca. 23 auf 30 Prozent ansteigen. Auf dieses und weitere Probleme muss das Baugeschehen in Zukunft Antworten finden.

Das Erreichen von größerer Energie- und Ressourceneffizienz sowie die Reaktion auf den demografischen Wandel erfordern zwingend verstärkte Innovationen in der Bau- und Immobilienwirtschaft. Dabei gilt es, technische und organisatorische Hemmnisse zu überwinden, wobei nicht vorrangig die Grundlagenforschung, sondern die praxisorientierte Anwendungsforschung eine wichtige Rolle spielt.

Material- und Technologieentwicklungen, die in der Regel aus anderen Industriebereichen als dem Bauwesen kommen, müssen für das Bauen adaptiert und in seine Organisation eingebettet werden. Das betrifft zum Beispiel Hightech-Materialien wie Vakuumprodukte oder RFID-gestützte Prozesse, aber auch Produkte und Systeme für die Gewinnung von Energie aus erneuerbaren Quellen. Das Bauwesen benötigt für die Übernahme solcher Techniken insbesondere stabile Rahmenbedingungen. Dazu zählen technische Regeln wie zum Beispiel DIN-Normen, öffentlich-rechtliche Anforderungen oder auch Kooperationen mit Unternehmen.

1

Hegner, Hans-Dieter: Energieausweise für die Praxis. Handbuch für Energieberater, Planer und Immobilienwirtschaft. Köln/Stuttgart 2010

*Weitere Gesichtspunkte des sozialen und gesellschaftlichen Wandels vgl. Zurück zum Sozialen* » S. 60, 69, *Nachhaltige Stadtentwicklung* » S. 71f., *Trendprognosen* » S. 102, *Living Ergonomics* » S. 123

*Zum Potenzial von Umnutzungen und Sanierungen vgl. Zurück zum Sozialen* » S. 61f., *Nachhaltige Stadtentwicklung* » S. 73, *Gebäude als Systeme begreifen* » S. 84, *Common Sense statt Hightech* » S. 99, *Bauprozesse von morgen* » S. 127

RFID (Radio Frequency Identity)
*Identifizierung und Lokalisierung durch die Erfassung ausgesandter Strahlen*

# Organisatorische Umsetzung der Forschungsinitiative

Die 2006 begonnene Forschungsinitiative »Zukunft Bau« im Bundesministerium für Verkehr, Bau und Stadtentwicklung (BMVBS) soll insbesondere die klein- und mittelständische Bauwirtschaft dabei unterstützen, sich auf dem europäischen Binnenmarkt gut aufzustellen und die Marktführerschaft in wichtigen Sektoren zu übernehmen. Ziel ist es, sowohl die Bundesregierung als auch die Wirtschaft zu befähigen, besser auf gesellschaftliche Anforderungen zu reagieren. Die Initiative wird im Wesentlichen von zwei Säulen getragen: der von den Wirtschaftsinteressen der Branche geprägten Antragsforschung sowie der gesellschafts- und baupolitisch geprägten Ressortforschung des Bauministeriums.

Mit der Durchführung des Forschungsprogramms hat das BMVBS das Bundesinstitut für Bau-, Stadt- und Raumforschung (BBSR) im Bundesamt für Bauwesen und Raumordnung (BBR) beauftragt. Während das BMVBS die Forschungsinitiative politisch und organisatorisch führt und Schwerpunktprojekte direkt fachlich leitet, ist das BBSR Projektträger und Vertragspartner für die Forscher.

Die Ressortforschungsliste wird im BMVBS auf der Grundlage der politischen Projekte erarbeitet. Im Rahmen der Ressortforschung schreibt das BBSR die Themen öffentlich aus, bewertet in Abstimmung mit dem BMVBS die Angebote und schließt dann Werkverträge ab.

Für die Antragsforschung veröffentlicht das BMVBS in einer Bekanntmachung die angebotenen Forschungscluster. Diese stehen in direktem Zusammenhang mit den Zielen der Bundesregierung in der laufenden Legislaturperiode und werden auf den Bauforschungskongressen regelmäßig mit der Baubranche abgestimmt. Sie sollen einerseits auf übergreifende gesellschaftliche Erfordernisse reagieren, aber auch die Marktpositionen der überwiegend klein- und mittelständischen Bau- und Baustoffunternehmen stärken. Deshalb wird weitgehend zu Themen geforscht, die über den höchsten Innovationsgehalt verfügen und der Branche den größten Nutzen versprechen.

Die finanzielle Unterstützung des Bundes für die Forschungsinitiative geht zu einem Drittel in die Ressortforschung und zu zwei Dritteln in die Antragsforschung. Von 2006 bis 2010 wurden in der Ressortforschung 175 Forschungsprojekte mit einem Volumen von insgesamt 15 Millionen Euro durchgeführt. Die Förderung im Rahmen der Antragsforschung ist eine Fehlbedarfsfinanzierung durch Zuwendungen des Bundes. Sie basiert darauf, dass der Antragssteller nicht nur über eine Idee, sondern auch über Eigen- und Drittmittel verfügt. Die Baubranche soll sich an den Forschungsaufgaben maßgeblich beteiligen, da sie auch der entscheidende Nutznießer ist. Die Förderrichtlinie orientiert sich an einer 50-prozentigen Förderung, in der Realität hat sich durchschnittlich eine Quote von

**138|1 Verteilung der Haushaltsmittel** für die Forschungsinitiative »Zukunft Bau«

etwa 60 Prozent Bundesmitteln zu 40 Prozent Eigen- und Fremdmitteln eingestellt. Mit insgesamt 27 Millionen Euro Bundeszuwendungen wurden von 2006 bis 2010 200 Forschungsvorhaben mit einem Gesamtvolumen von ca. 40 Millionen Euro durchgeführt (138|1).[2]

Es ist auch möglich, die Antragsforschung zur nationalen Kofinanzierung bei EU-Forschungsvorhaben im Hochbaubereich zu verwenden. In der Förderrichtlinie des BMVBS heißt es dazu: »Darüber hinaus kann eine Zuwendung als Beitrag für die nationale Kofinanzierung von Projekten mit deutscher Beteiligung bei Vorhaben innerhalb des 7. EU-Forschungsrahmenprogramms verwendet werden, sofern Forschungsaufgaben in den [...] dargestellten Themenfeldern umgesetzt werden.«[3] Dieser Ansatz der Förderung wird momentan noch zu wenig genutzt.

Die Bundesregierung setzt auch weiterhin auf die Forschungsinitiative »Zukunft Bau«. Es ist wünschenswert und zielführend, die Mittel für die Bauforschung weiter zu erhöhen und insbesondere Projekt- und Modellvorhaben in Bezug auf die Energieeffizienz und die Anwendung erneuerbarer Energien zu verstärken. Der neu geschaffene Energie- und Klimafonds sowie die nationale Klimaschutzinitiative ermöglichen es, im Jahr 2011 mit einer Förderung von Modellvorhaben für sogenannte Plusenergiehäuser (»Energieeffizienzhaus Plus«) zu beginnen.

## Ressortforschung

Die erste Säule der Bauforschung ist die Auftragsforschung. Sie ist eine konzeptionell angelegte Ressortforschung des BMVBS und vollständig aus Steuermitteln getragen. Ihre Aufgabe besteht darin, das Regierungshandeln vorzubereiten und zu unterstützen. Dazu werden Gutachten und Untersuchungen zu wichtigen Gesetzesvorhaben und Politikfeldern zum Beispiel an Universitäten und Forschungsinstitute vergeben. Konkrete Projekte sind derzeit zum Beispiel:

- Fortschreibung der Energieeinsparverordnung (EnEV 2012), Fortentwicklung der Energieausweise
- Umsetzung der EU-Bauproduktenverordnung in Deutschland
- Weiterentwicklung des nachhaltigen Bauens (Einführung des »Leitfaden Nachhaltiges Bauen« des Bundes, Weiterentwicklung des Bewertungssystems für nachhaltige Gebäude für weitere Gebäudekategorien, Pflege und Weiterentwicklung von Datenbanken für Bauprodukte wie Ökobau.dat oder WECOBIS)
- Weiterentwicklung von Regeln für das barrierefreie beziehungsweise barrierearme Bauen und Modernisieren, Umsetzung der Norm DIN 18040
- Weiterentwicklung der Regeln für eine Verbesserung

[2]

Bundesministerium für Verkehr, Bau und Stadtentwicklung (Hrsg.): Zukunft bauen. Das Magazin der Forschungsinitiative »Zukunft Bau«. Berlin 2010

[3]

Bekanntmachung des Bundesministeriums für Verkehr, Bau und Stadtentwicklung vom 19. Mai 2011 über die Vergabe von Zuwendungen für Forschungsvorhaben im Rahmen der Forschungsinitiative »Zukunft Bau« im Jahr 2011, Bundesanzeiger Nr. 84, 1. Juni 2011, S. 2013

*Fragen zur Energie und zum Umgang mit Ressourcen vgl.* » *S. 136* sowie *Parametrische Entwurfssysteme* » *S. 54*, *Nachhaltige Stadtentwicklung* » *S. 72. 77*, *Gebäude als Systeme begreifen* » *S. 82–93*, *Common Sense statt Hightech* » *S. 94*, *Bauprozesse von morgen* » *S. 125*, *Zusammenarbeit von Industrie und Forschung* » *S. 130*

*Aktuelle Forschungsschwerpunkte der Ressortforschung:*
- *Klimaschutz und Energieeffizienz*
- *Nachhaltigkeit und Bauqualität*
- *Regelwerke und Bauprodukte*
- *Baukultur und Kunst am Bau*
- *Kommunikation und Breitenanwendung*

der Baukultur in Deutschland (Wettbewerbs- und Vergaberecht, »Leitfaden Kunst am Bau« etc.)
- Anpassung der baufachlichen Regeln des Bundes für Bundesbaumaßnahmen (zum Beispiel »Brandschutzleitfaden«)

# Antragsforschung

Die Antragsforschung setzt auf Ideen, die »vom Markt« kommen. Im Rahmen der vorgegebenen Schwerpunkte ist insbesondere die Wirtschaft aufgefordert, in Zusammenarbeit mit der Wissenschaft Vorschläge für die Beseitigung von Innovationsdefiziten zu unterbreiten. Das bedeutet aber auch, dass die Baubranche die Forschungsansätze selbst unterstützt, fördert und für eine hohe Qualität sorgt. Alle Anträge durchlaufen ein Wettbewerbsverfahren mit Vorprüfung im BBSR und einer Beurteilung durch unabhängige Expertengruppen im BMVBS.

Besonders wichtige Resultate konnten im Rahmen der »Energiecluster« erzielt werden. Dabei ist insbesondere auf die vielfältigen Bemühungen hinzuweisen, neueste Techniken durch technische Spezifikationen besser in der Planung abzubilden. Das betrifft zum Beispiel Verfahren zur energetischen Bewertung von Wärmepumpen oder von LED-Beleuchtung in der Energieeinsparverordnung (EnEV) und in der DIN V 18599. Aber auch die Erprobung von Technologien für die Nutzung von Umweltenergien ist ein wichtiges Thema. So wird zum Beispiel an der RWTH Aachen an der dezentralen Wärmerückgewinnung aus häuslichem Abwasser geforscht. Bei der thermischen Aktivierung von Bauteilen gab es durch das Fraunhofer-Institut für Bauphysik erhebliche Fortschritte bei der akustischen Verbesserung von thermisch aktiven Decken, die nicht mit einer Akustikdecke abgehängt werden können. Ein Schwerpunkt ist und bleibt jedoch die Nutzung erneuerbarer Energien am und im Gebäude. Dabei gilt es, höchste technische Effizienz zu erfüllen, aber auch eine architektonisch ansprechende Integration der Technik in die Gebäudehülle beziehungsweise die bauliche Anlage zu erreichen. Im Rahmen der Initiative wurden neuartige wärmegedämmte, hinterlüftete Fassaden mit Dünnschicht-PV-Modulen entwickelt [141|1]. Mittlerweile stehen auch farbige Solarpaneele zur Verfügung. Derzeit wird an der Integration von Photovoltaik-CIS-Elementen in Wärmedämmverbundsysteme gearbeitet.

*Aktuelle Forschungscluster der Antragsforschung:*
- *Energieeffizienz und erneuerbare Energien im Gebäudebereich, Berechnungstools*
- *neue Konzepte und Prototypen für das energiesparende Bauen, Null- beziehungsweise Plusenergiehauskonzepte*
- *neue Materialien und Techniken*
- *nachhaltiges Bauen, Bauqualität*
- *demografischer Wandel*
- *Regelwerke und Vergabe*
- *Modernisierung des Gebäudebestands*

# Entwicklung von Plusenergiehäusern

Einen besonderen Schwerpunkt der Forschungsinitiative bildet die Entwicklung und Erprobung von Plusenergiehäusern. Die Technische Universität Darmstadt hat in diesem Zusammenhang im Jahr 2007 ein solches Haus entwickelt, um am renommierten Wettbewerb »Solar Decathlon« in Washington, D.C. teilzunehmen. Das amerikanische

Energieministerium führt seit 2003 alle zwei Jahre einen Solarbauwettbewerb durch, an dem sich wissenschaftliche Einrichtungen und Hochschulen aus aller Welt beteiligen. Die 20 besten Konzepte werden als Prototypen errichtet und stellen sich einem 14-tägigen Wettbewerb auf der National Mall in Washington, D.C. Das wichtigste Ziel der Modellhäuser, deren Leistungsfähigkeit in zehn Disziplinen geprüft wird, besteht darin, mehr Energie zu erzeugen, als das Haus unter voller Nutzung verbraucht. Die TU Darmstadt konnte diesen Wettbewerb 2007 und 2009 gewinnen.

Ziel der TU Darmstadt war es 2007, ein Haus zu errichten, das nicht nur wenig Energie verbraucht und viel Energie produziert, sondern das auch in architektonisch-ästhetischer Hinsicht überzeugt.[4] Im und am Gebäude wurde eine Reihe neuester Technologien erprobt, darunter eine innovative Lamellenfassade, die verschattet, Sichtschutz bietet und gleichzeitig über integrierte Photovoltaikelemente Strom erzeugt. Dazu kommen hochdämmende Fenster (zum Teil mit Vierfachverglasung) und Vakuumdämmung in Wänden, Böden und Decken. Innovative anlagentechnische Systeme und energiesparende Haushaltsgeräte komplettieren den Wettbewerbsbeitrag. Die Solarzellen können unter optimalen Bedingungen eine Leistung von 12,5 kW Strom erbringen.

Der zweigeschossige Prototyp mit ca. 80 Quadratmetern Wohnfläche für den Wettbewerb 2009 vereint einen hohen Wohnkomfort sowie energiesparende und -gewinnende Systeme mit intuitiver Gebäudesteuerung (143|1).[5] Zur Minimierung des Energiebedarfs wurden zum einen hochwärmedämmende, luftdichte Bauteile für die thermische Hülle und zum anderen eine geregelte Lüftung mit Wärmerückgewinnung gewählt. Die Klimatisierung erfolgt über eine reversible Wärmepumpe (Heizung und Kühlung), die der umgebenden Luft Energie entzieht. Bei einer grundsätzlich notwendigen geregelten Gebäudelüftung erübrigen sich dadurch technische Bauteile wie Heizkörper. Die Wärmepumpe lässt eine einfache Energieübergabe zu, ihr Einsatz ist in einem breiten klimatischen Spektrum (von mediterran bis kalt) möglich. Um unter den klimatischen Bedingungen in Washington, D.C. gute Ergebnisse zu erzielen, erhielt das Haus als zusätzliche Kühltechnologie eine steuerbare PCM-Kühldecke. Die für die Energiegewinnung optimierte Gebäudehülle wurde mit verschiedenen PV-Technologien ausgestattet. Im Dachbereich fanden hocheffiziente opake, monokristalline PV-Zellen Verwendung, während in der Fassade Dünnschichtzellen zum Einsatz kamen.

Das BMVBS hat auf der Grundlage des Hauses der TU Darmstadt aus dem Jahr 2007 einen eigenen Vortrags- und Ausstellungspavillon errichtet, der von 2009 bis 2011 auf einer Deutschlandtour das Konzept in sechs Metropolregionen vorstellte (142|1 und 142|2). Dieses Haus hat im Juli 2011 seinen endgültigen Standort im Entwicklungsgebiet Phönixsee in Dortmund erhalten.

**141|1** wärmegedämmte hinterlüftete Fassade mit **Dünnschicht-PV-Modulen** an einem Gebäude der TU Dresden

4

Hegger, Manfred (Hrsg.): Sonnige Zeiten. Solar Decathlon Haus Team Deutschland 2007. Wuppertal 2008

5

Hegger, Manfred (Hrsg.): Sonnige Aussichten. Das surPLUShome des Team Germany zum Solar Decathlon 2009. Wuppertal 2010

PCM (Phase Changing Materials, Phasenwechselmaterialien) *speichern Wärmeenergie, indem durch Wärmezufuhr in einem definierten Temperaturband ein Phasenübergang angeregt wird (zumeist fest zu flüssig). Dafür kommen meist Paraffine oder Salzhydrate zur Verwendung. PCM können viel Wärme auf engem Raum speichern (Speicherbehälter) oder in Baustoffe einlagern (zum Beispiel durch Mikroverkapselung), um die in Räumen aktivierbare Wärmekapazität zu erhöhen.*

nach: Voss, Karsten; Musall, Eike: Nullenergiegebäude. Internationale Projekte zum klimaneutralen Wohnen und Arbeiten. München 2011, S. 182

142|1 **Plusenergiehaus** als Ausstellungs- und Vortragspavillon des BMVBS

142|2 **Details der Südfassade**, Ausstellungs- und Vortragspavillon des BMVBS

6

http://www.bbr.bund.de/cln_015/
nn_22808/DE/WettbewerbeAus-
schreibungen/PlanungsWettbewerbe/
AbgeschlWettbewerbe_table.html
(abgerufen am 05.09.2011)

*Unter einem* Monitoring *versteht man die systematische, zeitlich aufgelöste Erfassung, Analyse und Bewertung von Betriebsdaten eines Gebäudes mithilfe einer Datenerfassungsanlage, in der Regel als Teil der Gebäudeleittechnik.*

nach: Voss, Karsten; Musall, Eike: Nullenergiegebäude. Internationale Projekte zum klimaneutralen Wohnen und Arbeiten. München 2011, S. 182

# Verbindung von Immobilien mit Mobilität

Am Plusenergiehaus der TU Darmstadt konnte die prinzipielle Machbarkeit einer intelligenten Energieversorgung von Gebäuden und eines umweltfreundlichen Individualverkehrs gezeigt werden. Dazu wurde bei einer Ausstellung des Hauses in Essen 2010 ein Elektrofahrzeug mit einem Verbrauch von 0,14 kWh/km zur Verfügung gestellt. Das Gebäude mit einer installierten Photovoltaikleistung von 19 kW ist in der Lage, knapp 14 000 kWh/a bereitzustellen, mit denen theoretisch eine Fahrleistung von fast 80 000 Kilometer pro Jahr möglich wäre.

Die beiden Gebäude der TU Darmstadt zeigen, dass der Stand der Entwicklung von Einzelkomponenten bereits weit fortgeschritten ist. Es fehlt jedoch eine integrierende Umsetzung in einem ersten Modellvorhaben, das Wohnen und Mobilität gleichermaßen dauerhaft einschließt. Die längst überfällige engere Vernetzung von Architektur mit neuen Formen der Mobilität in energetischer wie funktional-ästhetischer Hinsicht sollen nun weitere Modellgebäude voranbringen. Darüber hinaus ist geplant, mit neuen Projekten ein permanentes »Schaufenster« für die Fachöffentlichkeit und die Bevölkerung zu bieten, um den Stand der Technik zu veranschaulichen. Die Leistungsfähigkeit von einzelnen Komponenten im Betrieb muss mittels eines Monitorings getestet werden, mit dem sich auch Erfahrungen für die Breitenanwendung sammeln lassen. Das soll auch die engere interdisziplinäre Zusammenarbeit von Architektur, Automobilindustrie, Energieversorgung und Gebäudetechnik fördern.

Mit dieser Zielstellung hat das BMVBS im Sommer 2010 einen interdisziplinären Wettbewerb zur Errichtung eines Plusenergiehauses mit Elektromobilität ausgelobt,[6] der als offener interdisziplinärer Planungswettbewerb für Hochschulen in Zusammenarbeit mit Planungsbüros ausgelegt war. Das Ziel bestand darin aufzuzeigen, dass ein Gebäude mit Plusenergiestandard in der Lage ist, sich und seine Bewohner sowie mehrere Fahrzeuge mit einer durchschnittlichen Jahresfahrleistung von ca. 30 000 Kilometern in der Jahresbilanz allein aus Umweltenergien zu versorgen. Hierbei spielt die im Haus beziehungsweise in den Fahrzeugen eingebaute elektrische Speicherkapazität eine zentrale Rolle. Sie dient als Puffer für die elektrische Versorgung von Haus und Fahrzeugen und kann in Verbindung mit einem intelligenten Netz Speicheraufgaben erfüllen. Das Forschungs- und Pilotprojekt soll in der Berliner City-West an einem gut zugänglichen öffentlichen Ort in der Fasanenstraße realisiert werden. Wettbewerbsvorgabe für das Modellgebäude war, dass es auf anschauliche Weise moderne Ansprüche an das Wohnen eines Vier-Personen-Haushalts erfüllt, seine Funktion als Energielieferant deutlich macht und zudem einen überdachten Stellplatz für Elektrofahrzeuge integriert (143|2).

Darüber hinaus soll das Modellvorhaben auf die Fragen der Nachhaltigkeit eine klare Antwort geben. Eines der Ziele ist zum Beispiel die vollständige Recycelbarkeit des Hauses, aber auch Umnutzungsfähigkeit und Flexibilität sind bei höchstem Wohnkomfort sicherzustellen. Eine vollständige Bewertung der Nachhaltigkeit wird im Lauf des Planungsverfahrens und der Errichtung durchgeführt. Mit dem Siegerteam, bestehend aus der Universität Stuttgart, Institut für Leichtbau Entwerfen und Konstruieren und der Firmengruppe Werner Sobek, hat das BMVBS mittlerweile einen Planungsvertrag geschlossen. Die Errichtung erfolgt bis Ende November 2011, anschließend findet der wissenschaftlich begleitete vierteljährige Probelauf des Projekts statt. Anfang 2012 ist der Einzug einer Testfamilie für ein Jahr vorgesehen, während dem die Forschungsuntersuchungen weiterlaufen.

Realisiert wird ein Wohnhaus für einen Vier-Personen-Haushalt mit ca. 130 Quadratmetern Wohnfläche auf zwei Ebenen.[7] Dem Wohngebäude vorgelagert ist ein sogenanntes Schaufenster zum Parken der Fahrzeuge und zur Unterbringung der Ladeinfrastruktur für die Elektromobilität. Für die Veranschaulichung von Mobilitätsanforderungen einer Familie ist die Einbindung eines elektrischen Erst- und Zweitfahrzeugs, ergänzt durch ein Elektrozweirad (Pedelec oder E-Roller) vorgesehen. Zwischen dem zweigeschossigen Wohnbereich und dem vorgelagerten Schaufenster verläuft der sogenannte Energiekern des Gebäudes, in dem sich die gesamte Haustechnik sowie die versorgungsintensiven Nassräume befinden. Das Haus wird für ein dreijähriges Monitoring ausgerüstet, um anhand einer wissenschaftlichen Versuchsreihe Erkenntnisse für die zukünftige Entwicklung gewinnen zu können.

Neben dem BMVBS etablieren sich zunehmend private Projektentwickler, die das Anliegen der Errichtung und Fortentwicklung von Plusenergiehäusern mit eigenen Projekten unterstützen. Die vom BMVBS vorangebrachte Vernetzung zwischen Immobilien und Mobilität ist dabei eine wichtige Triebfeder. Das BMVBS will diese Entwicklungen fördern und begleiten und wird dazu im Rahmen der Forschungsinitiative »Zukunft Bau« Angebote zur Unterstützung von Modellprojekten machen. Ziel ist die bundesweite Errichtung solcher innovativer Gebäude und die Auswertung in gemeinsamen Netzwerken der Forschung und Entwicklung, sowohl im Bauwesen als auch im Automobilsektor.

143|1 **Plusenergiehaus** der TU Darmstadt beim Solar Decathlon 2009 in Washington, D.C.

7

http://www.bmvbs.de/SharedDocs/
DE/Artikel/B/neues-energie-plus-
haus-berlin.html (abgerufen am
05.09.2011)

143|2 Projekt für ein **Plusenergiehaus mit Elektromobilität** in Berlin

144–145|1 **Ørestad Gymnasium**, Kopenhagen (DK) 2007, 3XN Architects

## Individuelle Lösungen aus Glas

SOLARLUX Aluminium Systeme GmbH
Gewerbepark 9–11
D–49143 Bissendorf
T +49 (0)5402 400 328
F +49 (0)5402 400 201
E plansupport@solarlux.de
www.solarlux.de

Die Solarlux Aluminium Systeme GmbH ist einer der weltweit führenden Systemanbieter von Glas-Faltwänden, Balkonverglasungen und Glasanbauten. Seit fast 30 Jahren entwickelt, produziert und vertreibt das Unternehmen hochwertige Verglasungslösungen, die durch ihre maximalen Öffnungsweiten mehr Raumfreiheit und Naturverbundenheit schaffen. Mit dem Entwickeln von anwendergerechten Lösungen hat sich Solarlux auf die individuelle Ausführung von Projekten spezialisiert und bietet eine umfassende Unterstützung von Architekten und Bauherren.

**Mehr Licht und mehr Raum**   Seit Beginn der Geschäftstätigkeit im Jahr 1983 lautet der Leitsatz, dem Kunden den Wunsch nach mehr Licht und mehr Raum zu erfüllen, etwa durch maximal auffaltbare Glasfronten, die durch ausgereifte Technik fließende Übergänge von innen nach außen schaffen und Räume mit Licht durchfluten, oder mit Glasanbauten, die aufgrund ihrer filigranen Ästhetik Wohnqualität und Lebensgefühl steigern. Alle Solarlux-Produkte – Glas-Faltwände, Balkonverglasungen und Wintergärten – werden vom Unternehmen selbst entwickelt und an den Standorten Bissendorf und Osnabrück produziert. So ist sichergestellt, dass die hoch angesetzten Maßstäbe für Technik, Verarbeitung und Werkstoffqualität stets erfüllt werden.

**Kompetenz aus einer Hand**   Neben den Qualitätsaspekten gehört es auch zum Selbstverständnis von Solarlux, in kooperativer Zusammenarbeit mit den firmeneigenen Entwicklern und Technikern für Neubau- und Sanierungsobjekte jeglicher Größenordnung eine maßgeschneiderte Lösung bis ins Detail zu erarbeiten. Architekten und Bauherren können hierbei auf den exzellenten Service vertrauen: Vom Aufmaß über die Planung, Herstellung und Montage bis hin zur Koordination und Bauabwicklung komplexer Objekte bietet das Unternehmen alle Leistungen aus einer Hand.
Mit weltweit rund 600 MitarbeiterInnen (davon 500 am Stammsitz Bissendorf) sowie zahlreichen Tochtergesellschaften, Verkaufsbüros und Lizenznehmern agiert die familiengeführte Firma mit seinen Produkten »Made in Germany« in über 50 Ländern der Welt.

## Eine Idee revolutioniert den Dachausbau

Vor mehr als 65 Jahren hatte der Däne Villum Kann Rasmussen die Idee, Licht, Luft und Lebensqualität unter das Schrägdach zu bringen. Er wollte dunkle, ungenutzte Dachböden in offene, lichtdurchflutete Räume verwandeln und entwickelte 1942 das erste Dachfenster – damals noch ein einfaches Klappfenster aus Holz. Mit Velux – einer Zusammensetzung aus »Ventilation« für Belüftung und »Lux« für Licht – fand Rasmussen einen treffenden Namen für seine Vision.

**Ideen und Innovationen setzen Standards**  Aufeinander abgestimmte Produkte, die von Dach- und Flachdach-Fenstern über Solarkollektoren bis hin zu Sonnenschutzsystemen reichen, ermöglichen ideale Lichtverhältnisse durch natürliche Belichtung sowie die Verbesserung des Wohnkomforts. Intelligente Zusätze wie Regensensoren und automatischer Hitzeschutz sorgen für ein natürliches, gesundes und komfortables Raumklima. Der richtige Einsatz von Tageslicht und Wärme verbessert zudem die Energiebilanz des Gebäudes. Mit Demonstrationsprojekten wie SOLTAG, Atika und Model Home 2020 will Velux zeigen, wie sich Niedrigenergiehäuser für die Zukunft mit guten Tageslichtbedingungen entwickeln und konzipieren lassen.

**Sicherung der Qualität**  Der Entdeckergeist seines Gründers prägt das Handeln des Unternehmens bis heute, Ideenreichtum und die Entwicklung innovativer neuer Ansätze und Produkte werden gezielt gefördert. Dabei finden die Aspekte Energiebilanz, Wohnqualität, Design und Funktionlität gleichermaßen Berücksichtigung.
Vor Markteinführung unterzieht Velux seine Neuentwicklungen umfangreichen Tests in Versuchslaboren und Qualitätskontrollen im Feldversuch. So werden Dachfenster in unternehmenseigenen Laboren extremen klimatischen Bedingungen ausgesetzt und im Windkanal die Regenbelastung und die auf das Fenster wirkenden Kräfte bei Sturm simuliert. Die ausgiebigen Tests stellen sicher, dass die Produkte höchste Qualitätsstandards einhalten. Heute beschäftigt die Velux-Gruppe als führender Hersteller von Dachfenstern über 10 000 Mitarbeiter in mehr als 40 Ländern, darunter rund 1000 in Deutschland.

VELUX Deutschland GmbH
Gazellenkamp 168
D–22527 Hamburg
T +49 (0)40 54 707 0
F +49 (0)40 54 707 707
E info@velux.com
www.velux.de

## Mehr als Möbel

Das 1907 gegründete Familienunternehmen Wilkhahn ist spezialisiert auf die Entwicklung und Herstellung nachhaltiger Büro- und Konferenzeinrichtungen, die sich durch innovative Funktion, moderne, zeitstabile Formensprache und langlebige Qualität auszeichnen. Rund 600 Mitarbeiter weltweit garantieren, dass Produkte und Serviceleistungen für Kunden auf allen Kontinenten verfügbar sind.

**Vor dem Produkt die Idee**  Bereits seit den 1950er Jahren hat sich Wilkhahn dem Ziel verschrieben, innovative und langlebige Produktqualität mit Respekt gegenüber Mensch und Umwelt zu verbinden. In Zusammenarbeit mit der Ulmer Hochschule für Gestaltung entstand das methodische Rüstzeug zur Entwicklung von Innovationen, die konsequent auf eine höhere Gebrauchsqualität ausgelegt sind. Der Bürostuhl-Klassiker »FS-Linie« (1980), das mobile Konferenzprogramm »Confair« (1994), der mobile Klapptisch »Timetable« (2000) sowie der dreidimensional bewegliche Bürostuhl »ON« (2009) sind Meilensteine der Möbelgeschichte. Jüngster Coup ist der Universalstuhl »Chassis«, dessen Gestell aus dünnem Stahlblech im Tiefziehverfahren des Automobilbaus geformt wird.

**Breites Forschungs- und Entwicklungsspektrum**  Die Forschungskooperationen und -projekte reichen von Materialien über Technologien und Prozessinnovationen bis zu völlig neuartigen Konzeptionen: Mit dem Institut für ökologische Wirtschaftsforschung wurden frühzeitig die Grundlagen für Umweltmanagement und -controlling erstellt. 1996 erhielt Wilkhahn für sein ganzheitliches Nachhaltigkeitskonzept den Deutschen Umweltpreis. Das Unternehmen entwickelte in der Forschungs- und Entwicklungskooperation »Future Office Dynamics« die weltweit ersten interaktiven beweglichen Raumumgebungen (Roomware), die zur Weltausstellung EXPO 2000 gezeigt wurden. Im Forschungsprojekt »Ambient Agoras« wurde das Konzept für »kooperative Gebäude« weiterentwickelt und dafür die Tochtergesellschaft foresee gegründet. Projekte zu »Living Ergonomics« mit dem Zentrum für Gesundheit an der Deutschen Sporthochschule Köln widmen sich dem Thema Gesundheit als Aufgabe für Einrichtung und Raumkonzeption.

# Wilkhahn

Wilkening + Hahne GmbH + Co. KG
Fritz-Hahne-Straße 8
D–31848 Bad Münder
T +49 (0)5042 999 0
F +49 (0)5042 999 226
E info@wilkhahn.de
www.wilkhahn.de

# Bildnachweis

Allen, die durch Überlassung ihrer Bildvorlagen, durch Erteilung von Reproduktionserlaubnis und durch Auskünfte am Zustandekommen des Buches mitgeholfen haben, sagt der Verlag aufrichtigen Dank. Nicht nachgewiesene Fotos stammen aus dem Archiv der Architekten oder aus dem Archiv der Zeitschrift »DETAIL, Zeitschrift für Architektur + Baudetail«. Trotz intensiver Bemühungen konnten wir einige Urheber der Fotos und Abbildungen nicht ermitteln, die Urheberrechte sind aber gewahrt. Wir bitten um dementsprechende Nachricht.

**Umschlag**

Jasper James, London/Peking

**Die Operationalität von Daten und Material im digitalen Zeitalter**

6|1–19|2 Gramazio & Kohler, ETH Zürich

**Industrialisierung versus Individualisierung – neue Methoden und Technologien**

22|1 Wolfgang Feierbach, Altenstadt
23|1 Therese Beyeler, Bern
25|1–27|1 Karlsruher Institut für Technologie, Fachgebiet Building Lifecycle Management

**Material, Information, Technologien – Optionen für die Zukunft**

28|1–29|1 © zieta prozessdesign
31|1–32|2 Professur für CAAD, ETH Zürich
33|1 Tobias Madörin
34|1–37|1 © zieta prozessdesign
37|2 Professur für CAAD, ETH Zürich
38|1–38|2 © zieta prozessdesign
39|1 Fei Company, Courtesy Philippe Crassous
39|2 Tomlow, J.: Das Modell. Antoni Gaudís Hängemodell und seine Rekonstruktion. Neue Erkenntnisse zum Entwurf für die Kirche der Colònia Güell. Mitteilungen des Instituts für leichte Flächentragwerke (IL), Bd. 34. Stuttgart 1989
40|1 © zieta prozessdesign
41|1 Professur für CAAD, ETH Zürich
41|2 Tobias Madörin

**Parametrische Entwurfssysteme – eine Positionsbestimmung aus Sicht des Entwerfers**

43|1 Werner Huthmacher, Berlin
44|1 Zaha Hadid Architects, London
45|1 Courtesy of Lacoste, Zaha Hadid Architects, London
45|2–45|4 Zaha Hadid Architects, London
45|5 Nils Fischer, London
46|1 Virgile Simon Bertrand, Hongkong
46|2–49|3 Zaha Hadid Architects, London
50|1 Nils Fischer, London
51|1–52|1 Zaha Hadid Architects, London
53|1 Hufton + Crow Photography, London
55|1–56|1 Zaha Hadid Architects, London
57|1 Iwan Baan, Amsterdam

**Zurück zum Sozialen – neue Perspektiven in der Architektur der Gegenwart**

59|1 Frank Kaltenbach, München
60|1–60|2 Iwan Baan, Amsterdam
61|1 Timothy Hursley, Little Rock/AR
61|2 Druot, Lacaton & Vassal, Paris
62|1 Iwan Baan, Amsterdam
62|2 atelier d'architecture autogérée, Paris
64–65|1 Iwan Baan, Amsterdam
66|1–66|2 Elemental/Tadeuz Jalocha, Santiago de Chile
67|1–68|2 Iwan Baan, Amsterdam
69|1 Christian Schittich, München
69|2 Brian Benson, London

**Nachhaltige Stadtentwicklung in einem relationalen Bezugsrahmen**

74|1 Lehrstuhl für Raumentwicklung, TU München, Design: Anne Wiese
75|1 Lehrstuhl für Raumentwicklung, TU München
76|1 Nemeth, Isabell: Methodenentwicklung zur Bestimmung von Potenzialen der Energieeffizienzsteigerung im Haushalts- und GHD-Sektor. Diss. TU München, 2011. Design: Anne Wiese
76|2 Lehrstuhl für Raumentwicklung, TU München, Design: Anne Wiese
76|3 Nemeth, Isabell: Methodenentwicklung zur Bestimmung von Potenzialen der Energieeffizienzsteigerung im Haushalts- und GHD-Sektor. Diss. TU München, 2011.
77|1 Nemeth, Isabell: Methodenentwicklung zur Bestimmung von Potenzialen der Energieeffizienzsteigerung im Haushalts- und GHD-Sektor. Diss. TU München, 2011. Design: Anne Wiese
78|1 Nemeth, Isabell: Methodenentwicklung zur Bestimmung von Potenzialen der Energieeffizienzsteigerung im Haushalts- und GHD-Sektor. Diss. TU München, 2011.
79|1 Lehrstuhl für Raumentwicklung der TU München
80|1 Clément Guillaume/Getty Images
81|1 Christian Richters/View/arturimages

**Gebäude als Systeme begreifen – der Ort als Identitätsstifter**

84|1 Transsolar
84|2 Anja Thierfelder, Stuttgart

85|1 Transsolar
85|2 Adrià Goula, Barcelona
86|1 H.G. Esch, Hennef
86|2 Transsolar
87|1–87|2 Voss, Karsten; Musall, Eike: Null-
energiegebäude. Internationale Projekte
zum klimaneutralen Wohnen und Arbeiten.
München 2011
87|3 Foster + Partners, London
88|1- 88|2 Iwan Baan, Amsterdam
89|1 Tom Arban, Toronto
90|1 Bryan Christie, New York
91|1 Paul Crosby, St. Paul/MN
92|1–92|2 Ateliers Jean Nouvel, Paris
93|1 Transsolar

**Common Sense statt Hightech**

94|1–95|1 Adam Mørk/Velux Deutschland,
Hamburg
95|2 Jakob Schoof, München
95|3 Adam Mørk/Velux Deutschland, Hamburg
96|1 Hegger, Manfred u.a.: Ökobilanzierung.
Velux Model Home 2020. »LichtAktiv Haus«
Hamburg. Ökobilanzierung des Velux Model
Home in Hamburg-Wilhelmsburg. Abschluss-
bericht. Darmstadt 2011
96|2 Velux Deutschland, Hamburg
97|1 Adam Mørk/Velux Deutschland, Hamburg
97|2–98|1 Active House Specification, 2011
99|1 Velux Deutschland, Hamburg

**Trendprognosen – Ansätze, Methoden,
Möglichkeiten**

102|1 IIT HAWK, Hildesheim
103|1 IIT HAWK, Livia Baum, Sabrina Federschmid,
Hildesheim
104|1 IIT HAWK, Anne Lange, Hildesheim
106–107|1 IIT HAWK, Jutta Werner, Hildesheim
109|1–109|2 IIT HAWK, Hildesheim
110|1 IIT HAWK, Livia Baum, Hildesheim
110|2 IIT HAWK, Janine Kalberlah, Hildesheim
111|1 IIT HAWK, Livia Baum, Hildesheim
112|1 Meike Weber, München
115|1 IIT HAWK, Hildesheim
116|1 Adam Mørk, Kopenhagen
117|1 IIT HAWK, Livia Baum, Hildesheim

**Living Ergonomics – Bewegungskonzepte für
Arbeitsweltarchitekturen**

118|1 Wilkhahn, Bad Münder
120|1–120|2 Designstudio wiege, Bad Münder
121|1 Zentrum für Gesundheit, Köln
121|2–122|1 Wilkhahn, Bad Münder
123|1–123|2 3XN Architects, Kopenhagen

**Bauprozesse von morgen – Trends, Szenarien,
Entwicklungsachsen**

124|1 Fraunhofer IAO, IAT Universität Stuttgart
128|1–129|1 LAVA, Sydney/Stuttgart

**Motivation und Strategien für die Zusammen-
arbeit von Industrie und Forschung**

132|1 nach: Bloemen, Matthijs: Design for
Disassembly. TU Delft 2011
133|1 Solarlux, Berlin
133|2 H. Strauss/Forschungsprojekt Hochschule
Ostwestfalen-Lippe/Alcoa
134|1–135|2 Solarlux, Berlin

**Die Forschungsinitiative »Zukunft Bau« –
Chancen und Ziele**

138|1 Bundesministerium für Verkehr, Bau und
Stadtentwicklung (BMVBS), Berlin
141|1 Bernhard Weller, TU Dresden
142|1–142|2 Bundesministerium für Verkehr, Bau
und Stadtentwicklung (BMVBS), Berlin
143|1 Thomas Ott, Mühltal
143|2 Bundesministerium für Verkehr, Bau
und Stadtentwicklung (BMVBS), Berlin/Werner
Sobek, Stuttgart
144|1 Adam Mørk, Kopenhagen

# Sachregister

# Impressum

**Inhaltliche Konzeption:**
Sandra Hofmeister

**Redaktion:**
Cornelia Hellstern (Projektleitung), Sandra Leitte

**Redaktionelle Mitarbeit:**
Cosima Frohnmaier, Almut Schmidt

**Zeichnungen:**
Ralph Donhauser, Nicola Kollmann

**Grafische Gestaltung und Satz:**
Christoph Kienzle, ROSE PISTOLA GmbH

**Herstellung/DTP:**
Roswitha Siegler

**Reproduktion:**
ludwig:media, Zell am See

**Druck und Bindung:**
Aumüller Druck, Regensburg

Bibliografische Information der Deutschen Nationalbibliothek. Die Deutsche Nationalbibliothek verzeichnet diese Publikation in der Deutschen Nationalbibliografie; detaillierte bibliografische Daten sind im Internet über http://dnb.d-nb.de abrufbar.

Die Publikation basiert auf den Inhalten und Beiträgen der Auftaktveranstaltung zum Start der interdisziplinären Kommunikationsplattform »Zukunftsforschung in der Architektur« auf der BAU 2011 im Forum Makro-Architektur der Abteilung DETAIL transfer (Gesamtkonzeption Meike Weber, Projektleitung Zorica Funk, Redaktion und Moderation Sandra Hofmeister)

**DETAIL** Institut für internationale Architektur-Dokumentation GmbH & Co. KG, München
www.detail.de • www.detailresearch.de

© 2011, erste Auflage

**ISBN: 978-3-920034-56-0**

# Autoren

## Marcel Bilow

Ausbildung zum Maurer, Architekturstudium an
der FH Lippe und Höxter in Detmold
Assistenzen in den Fächern Baukonstruktion,
Freihandzeichnen im Fachbereich Architektur sowie
Materialgrundlagen und Ausbaukonstruktion im
Lehrgebiet Innenarchitektur
2001 Gründung des Planungsbüros raum204 mit
Fabian Rabsch und Markus Zöllner
2004–2008 Projektleiter Forschung und Entwicklung am Lehrstuhl Prof. Dr. Ulrich Knaack im Fach
Entwurf und Baukonstruktion an der FH Lippe und
Höxter in Detmold
seit 2006 Mitarbeiter in der Fassaden-Forschungs-
gruppe der TU Delft, Promotion zum Thema
»Internationale Fassaden«
2008 Gründung des Fassadenplanungsbüros
imagine envelope b.v. in Den Haag mit Ulrich Knaack
und Tillmann Klein

## Petra von Both

Informatik- und Architekturstudium an den Universitäten Koblenz, Kaiserslautern und Karlsruhe
1997 Tätigkeit im Bereich Akquise und Kostenkalku-
lation bei Bilfinger Berger
1998–2004 wissenschaftliche Mitarbeiterin am Institut
für Industrielle Bauproduktion der Universität Karlsruhe
2004 Promotion am Institut für Industrielle Bauproduktion der Universität Karlsruhe
2005 Forschungstätigkeit zu Requirements Engineering und Prozessmodellierung am SCRI Research
Center, University of Salford
2005–2007 Strategisches Produktmanagement
Collaboration bei der Nemetschek AG
2008 Leitung Corporate Strategic Development bei der
Nemetschek AG, strategische Beraterin des Vorstands
seit 2008 Professur für Industrielle Bauproduktion
und Entwerfen (ifib) an der Universität Karlsruhe
seit 2009 Leitung des Fachgebiets Building Lifecycle
Management am Karlsruher Institut für Technologie
seit 2009 Beraterin des Bundesamtes für Bauwesen
und Raumordnung (BBR) im Bereich BIM und IT,
Projekt Humboldt Forum, Berlin
zahlreiche Fachpublikationen

## Philipp Dohmen

Architekturstudium an der Fachhochschule Köln,
Nachdiplom CAAD an der ETH Zürich
2002–2006 selbstständiger Architekt in Köln
2006 Lehrauftrag für Elementiertes Bauen an der
FH Düsseldorf
2006–2010 wissenschaftlicher Mitarbeiter an der
Professur für CAAD, Departement Architektur,
ETH Zürich
seit 2006 Consultant für parametrisches Prozess-
design, prozess-design.net, Zürich
seit 2008 Fachbereichsleiter Digitale Werkzeuge,
Halter Unternehmungen, Zürich
mit Oskar Zieta Leiter Institut für FiDU Technologie,
ETH Zürich

## Nils-Peter Fischer

Architekturstudium an der Technischen Universität
Darmstadt und an der Università Roma
Mitarbeit bei ABB Architekten und Bernhard Franken
Architekten in Frankfurt
unabhängiger Berater unter anderem bei Projekten
von Massimiliano Fuksas und Mitwirkung an
Forschungsprojekten der European Space Agency
seit 2004 Mitarbeiter bei Zaha Hadid Architects in
London, seit 2008 Associate
Gründung und Leitung der »Computational Design
Research Group« (CODE) bei Zaha Hadid Architects,
ein projektunabhängiges Team, das interne Werk-
zeuge und Methoden zur Formfindung und -rationa-
lisierung entwickelt

## Sabine Foraita

Studium Industrial Design an der Hochschule für
Bildende Künste (HBK) Braunschweig
verschiedene Tätigkeiten in der Industrie
Aufbaustudium Kunst und Design an der HBK
Braunschweig
Lehraufträge an verschiedenen Hochschulen
2005 Promotion an der HBK Braunschweig
seit 2006 Professur Designwissenschaft und Design-
theorie an der Hochschule für angewandte
Wissenschaft und Kunst (HAWK) in Hildesheim

## Fabio Gramazio

Architekturstudium an der ETH Zürich
1994–2000 Mitbegründung des Kunstprojekts etoy
1996–2000 wissenschaftlicher Mitarbeiter und Assis-
tent an der Professur für Architektur und CAAD,
Prof. Gerhard Schmitt, ETH Zürich
2000 Gründung des Architekturbüros Gramazio &
Kohler mit Matthias Kohler
seit 2005 Assistenzprofessor für Architektur und
Digitale Fabrikation am Departement Architektur,
ETH Zürich
seit 2010 Professor für Architektur und Digitale
Fabrikation am Departement Architektur, ETH Zürich